Monika Gänsler
Alice Rögele
Gudrun Schmitt
Karsten Selke

Nistkästen & Futterstellen selber bauen

Mit bebilderten Schritt-für-Schritt-Anleitungen

INHALTSVERZEICHNIS

Nistkästen & Futterstellen selber bauen

Für Vogelfreunde gibt es nichts Schöneres als Vögel zu beobachten und den gefiederten Freunden etwas Gutes zu tun. Nistkästen und Futterstellen helfen ihnen nicht nur beim Überleben, sie sind auch eine ideale Gelegenheit, Vögel in die Nähe zu locken.

Je nach Wahl des Nistkastens kann man dann den unterschiedlichsten Tieren ein Dach über dem Kopf bieten. Im Frühling kann man sehen, wie die fürsorglichen Eltern ständig mit Nahrung im Schnabel anfliegen. Und einige Zeit später, wenn die Brut flügge wird, kann man mit etwas Glück auch bei den ersten Flugversuchen dabei sein.

An Futterstellen tummeln sich im Winter die unterschiedlichsten Vögel. Hier kann man beobachten, wie kleine Rotkehlchen von dicken Amseln vertrieben werden oder wie schüchterne Blaumeisen sich schnell etwas holen und es dann in sicherem Abstand verzehren.

Wir wünschen Ihnen viel Spaß beim Werken und Beobachten!

Schwierigkeitsgrad

- einfaches Motiv
- etwas schwierigeres Motiv
- anspruchsvolles Motiv

Tipps

Sie finden in diesem Buch zahlreiche Tipps und Tricks, damit Ihnen das Werken noch mehr Spaß macht. Orientieren Sie sich bitte an den folgenden Symbolen:

Werken-Tipp

Oft sind es nur ein paar kleine Handgriffe, durch die das Werken leichter gelingt. Diese Kniffe verraten wir Ihnen bei den Werken-Tipps.

Variations-Tipp

Ein Detail sieht auch in einer anderen Farbe oder mit anderen Materialien toll aus? Bei den Variations-Tipps finden Sie Vorschläge, wie Sie das Modell abändern können.

Ornithologen-Tipp

Hier erfahren Sie, wie sich Ihre gefiederten Freunde am wohlsten fühlen und wie sie im Nistkasten oder an der Futterstelle nicht gefährdet werden.

Einkaufs-Tipp

Wo bekomme ich was? Die Einkaufs-Tipps verraten, wo Sie am besten bestimmte Materialien einkaufen, damit Sie nicht stundenlang in verschiedenen Geschäften danach suchen müssen.

Spar-Tipp

Damit Sie noch genügend Geld für die anderen schönen Dinge des Lebens übrig behalten, zeigen wir Ihnen bei den Spar-Tipps Tricks und Möglichkeiten auf, die den Geldbeutel lachen lassen.

ALLGEMEINE HILFSMITTEL UND WERKZEUGE

Folgende Hilfsmittel und Werkzeuge werden für die meisten der in diesem Buch gezeigten Modelle verwendet. Sie sind in den speziellen Materiallisten bei den einzelnen Modellen nicht mehr aufgeführt:

- Schneiderkopierpapier oder Transparentpapier und Pappe (für Schablonen)
- große, kräftige Schere
- Cutter mit geeigneter Schneideunterlage
- Bleistift
- Anspitzer
- Radiergummi
- Rollmaß
- Geo-Dreieck®
- Stichsäge
- ggf. Dekupiersäge mit Vorrichtung zum Winkelsägen
- ggf. Tischkreissäge
- ggf. Forstnerbohrer oder Lochsäge
- Bohrmaschine, Akkuschrauber mit Holzbohrern
- Schleifpapier (80er, 120er und 240er Körnung)
- Schleifschwamm
- Schraubenzieher
- Drahtbürste
- Anschlagwinkel
- Hammer
- Kneifzange
- Kombizange
- Rundzange
- Holzfeile
- Holzraspel
- Pinsel (falls spezielle Stärken benötigt werden, sind diese in den einzelnen Materiallisten angegeben)
- Schraubzwingen, Einhandzwingen

Hinweis

Mit „Rest“ ist immer ein Stück gemeint, das maximal A5 groß ist.

Materialkunde

Das richtige Holz

Artgerechte Nistkästen sollten ausschließlich aus trockenem, möglichst ungehobeltem, rauem Holz in einer Brettstärke von 20 mm hergestellt werden. Gut geeignet sind Nadelhölzer, bewährt sind vor allem Fichten-, Kiefern- oder Tannenholz. Besonders empfehlenswert ist FSC-zertifiziertes Holz (Informationen hierzu siehe Seite 41 ff.). Sperr- und Leimholz oder Spanplatten sollten für Nistkästen möglichst nicht verwendet werden, da sie nicht ausreichend witterungsbeständig sind und sich aufgrund der Verleimung für die Vögel schädliche Dämpfe entwickeln können.
Futterstellen sowie kleine Holzteile, die nur dekorativen Zwecken dienen, z. B. aufgesetzte Türen oder Fenster, können aus Sperr- oder Leimholz hergestellt werden. Allerdings muss damit gerechnet werden, dass das Material keine sehr lange Lebensdauer aufweist.

Werken-Tipp

Die Bauteile aus Fichten-, Kiefern- oder Tannenholz können Sie in Baumärkten oder beim Schreiner zusägen lassen.

Die richtigen Farben

Sämtliche in diesem Buch gezeigten Modelle wurden mit speichelechter Holzlasur auf Wasserbasis grundiert und bemalt. Nach dem Auftragen scheint die Maserung des Holzes durch und vermittelt so einen zart getönten, natürlichen Effekt. Grundsätzlich sollte darauf geachtet werden, für Nistkästen und Futterhäuschen eine witterungsbeständige Farbe oder Lasur mit biologisch abbaubaren Inhaltsstoffen zu verwenden.
Abzuraten ist von einer anschließenden Behandlung mit Klarlack, da das Holz dann nicht mehr atmen kann und evtl. giftige Dämpfe in das Innere der Häuschen gelangen können, die den Vögeln schaden. Es ist empfehlenswert, das jeweilige Objekt bei fortgeschrittenen Verwitterungserscheinungen oder starken Verschmutzungen vollständig mit Wasser zu reinigen und nochmals zu lasieren. Auch sollte darauf geachtet werden, dass die Häuschen nicht in zu grellen Farben bemalt werden, da diese die Vögel irritieren können. Gut geeignet sind warme, gedeckte Töne oder zarte Pastellfarben. Kleinere Deko-Elemente oder Verzierungen können auch mit Acrylfarbe gestaltet werden. Es sollte jedoch auf keinen Fall der komplette Nistkasten mit Acrylfarbe grundiert und bemalt werden.

So wird's gemacht

Vorlagen übertragen

Zu jedem Modell sind im Vorlagenteil sowie auf dem Vorlagenbogen verkleinerte Skizzen sämtlicher jeweils benötigter Einzelteile aufgezeichnet. Alle Teile sind mit den Originalmaßen versehen und alphabetisch beschriftet. Rechteckige und quadratische Teile den angegebenen Maßen entsprechend zusägen. Die Zeichnungen können auch nach Vergrößerungsfaktor größer kopiert werden.
Kleinere Deko-Elemente (z. B. Fenster und Dachgiebel) und formgebundene Einzelteile wie z. B. die Vorder- und Rückseite beim Schwedenhäuschen (Seite 23 – 25) mithilfe von Schablonen auf das Holz übertragen. Dafür die Vorlagen im Copyshop auf den angegebenen Prozentwert vergrößern, ohne Überschneidungen nebeneinander auf Transparentpapier abpausen, auf Pappe kleben und ausschneiden. Die so entstandenen Schablonen auf das Holz legen und mit einem Bleistift umfahren.
Alternativ die kopierte Vorlage direkt mit dem Schneiderkopierpapier auf das Werkstück legen und mit dem Bleistift die Konturen nachfahren. Darauf achten, dass zwischen den einzelnen Teilen mindestens 1 cm Abstand zum Aussägen bleibt.

Aussägen

Die Einzelteile mit der Dekupier- oder Stichsäge aussägen. Gerade Schnitte können auch mit der Tischkreissäge geschnitten werden. Gehobelte Bretter auf einer Seite mit einer Drahtbürste aufrauen. Diese Seiten sind später die Innenseiten des Nistkastens.

Auf Gehrung sägen

Als Gehrung bezeichnet man die Eckverbindung zweier in einem Winkel aufeinanderstoßender länglicher Werkteile. In den meisten Fällen ist die Gehrung dabei die Winkelhalbierende des Winkels, mit dem die Teile fixiert werden.
Um auf Gehrung zu sägen braucht man eine Säge mit einer Vorrichtung zum Winkelsägen. Beide Teile im angegebenen Winkel zusägen und nach Anleitung zusammenfügen.

Bohren und Sägen von Einfluglöchern und Durchbrüchen

Zum Bohren und Sägen der Einfluglöcher eignen sich besonders der Forstnerbohrer und die Lochsäge. Beide Werkzeuge sind in verschiedenen Durchmessern erhältlich. Die Lochsäge besitzt einen Aufnahmeschaft, der den Zentrierbohrer und das ringförmige Sägeblatt hält, und wird mit einer Bohrmaschine betrieben.

Eine ideale Ergänzung zur Bohrmaschine ist ein Bohrständer. Dieser ermöglicht ein genaues, winkliges Arbeiten und verhindert das Verkanten während des Bohrvorganges.
Wer keine Lochsäge oder einen Forstnerbohrer besitzt, kann auch eine Laub- oder Dekupiersäge zum Aussägen größerer Einfluglöcher oder Flächen verwenden. Dafür die auszusägende Fläche anzeichnen, ein ausreichend großes Loch in den Ausschnitt bohren, durch dieses das Sägeblatt fädeln, einspannen und die gewünschte Fläche aussägen. Die durch das Bohren oder Sägen entstandenen Kanten mit Schleifpapier nachbearbeiten und glätten.

Bemalen

Die Lasur gut umrühren, z. B. mit einem Holzstäbchen. Dann das jeweils unbehandelte Holzstück mit einem weichen Pinsel gemäß Abbildung und wie in der jeweiligen Anleitung beschrieben in Faserrichtung lasieren. Dabei stets zügig und ohne Unterbrechung arbeiten, um Ansätze zu vermeiden. Für ein dunkleres, satteres Farbergebnis die Lasur einfach ein zweites Mal auftragen.
Achtung: Sämtliche Einzelteile, die das Gehäuse des Nistkastens oder Futterhäuschens bilden, nur auf einer Seite lasieren. Die später innen liegenden Flächen müssen unbedingt unbemalt bleiben. So wird vermieden, dass die Vögel mit eventuellen Ausdünstungen der Lasur in Kontakt kommen.

Holzteile zusammenfügen

Da Nistkästen und Futterhäuschen über mehrere Monate hinweg extremen Witterungsverhältnissen ausgesetzt sind, sollte man auf das Kleben und Verleimen der Einzelteile verzichten. Heißkleber und Holzleime halten starken Temperaturschwankungen und starker Feuchtigkeit in der Regel nicht lange stand. Sie enthalten außerdem Lösungs- und Bindemittel, die den Vögeln schaden können. Idealerweise die Einzelteile mit verzinkten Nägeln oder Schrauben zusammenfügen.

Nageln

Stumpf aufeinander stoßende Holzteile werden am einfachsten zusammengenagelt. Die Länge des Nagels richtet sich nach der Stärke der beiden Holzteile. Er sollte so lang sein, dass sich ein Drittel im oberen und zwei Drittel im unteren Holzstück befinden. Werden Nägel mit einem größeren Durchmesser verwendet, empfiehlt es sich, ein Loch vorzubohren, sonst kann der Nagel das Holz sprengen. Für Nagelverbindungen, die nach dem Bearbeiten nicht mehr sichtbar sind, werden Senkkopf- oder Stauchkopfnägel verwendet. Für sichtbare Verbindungen können Senkkopf-, Flachkopf- oder Rundkopfnägel verarbeitet werden.
Die Verbindung hält besser, wenn die Nägel nicht gerade, sondern mal zur einen, mal zur anderen Seite gekippt eingeschlagen werden. Beim Einschlagen am besten mit dem Unterarm ausholen und senkrecht zum Nagel schlagen, da er sich sonst verbiegt. Damit Weichholz beim Einschlagen von kleinen Nägeln nicht verletzt wird, ein Reststück Hartholz auf den fast eingeschlagenen Nagel legen und ihn durch Schlagen auf das Holz plan ins Werkstück treiben.

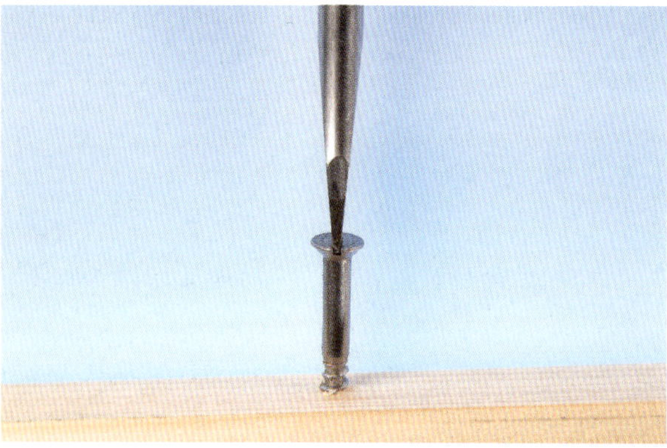

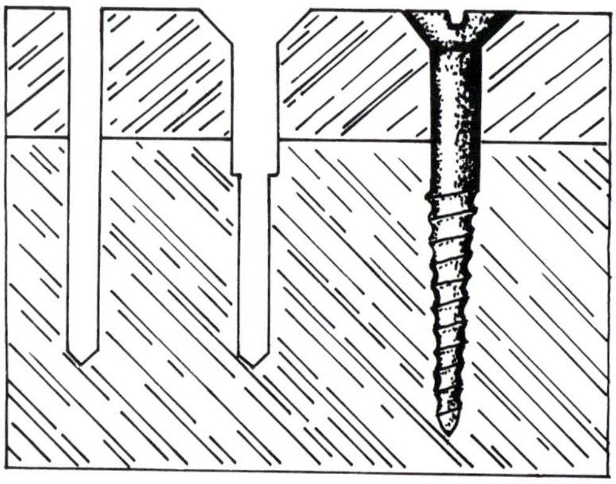

Schrauben

Durch Schrauben kann, anders als beim Leimen, Kleben oder Nageln, eine sichere, aber flexible Verbindung hergestellt werden. Schrauben sitzen mit ihrem Gewinde fester im Holz als Nägel, lassen sich bei Bedarf aber einfach wieder herausdrehen. Am leichtesten lassen sich Spanplattenschrauben mit Kreuzschlitz, auch Spax-Schrauben genannt, ins Holz drehen. Für diese Schrauben muss nicht unbedingt ein Loch vorgebohrt werden. Wie der Nagel sollte die Schraube zu einem Drittel im oberen Holzstück und zu zwei Dritteln im unteren sitzen. Zum Eindrehen kann ein Akku-Bohrschrauber oder ein Schraubendreher verwendet werden.

Wichtig: Die Nägel und Schrauben dürfen an keiner Stelle ins Innere des Nistkastens oder Futterhäuschens ragen, da sonst Verletzungsgefahr für die Vögel besteht!

Zweimal vorbohren für Standard-Holzschrauben

Klassische Holzschrauben haben einen größeren Durchmesser als Spanplattenschrauben und brauchen ein eingebohrtes Führungsloch. Das durchgehende schmalere Führungsloch ist ca. zwei Drittel der Schraubenstärke groß und etwa 5 mm kürzer als die Schraube. Mit einem Bohrer im Durchmesser des Schraubenschaftes wird der obere Teil des Loches in der Länge des Schraubenschaftes noch einmal vergrößert. Dieses Loch wird Spanloch genannt und es dient dazu, dass die Schraube nicht stecken bleibt oder das Holz ausreißt.

Löcher ansenken

Holzschrauben, wie Linsen- oder Rundkopfschrauben, werden zu dekorativen Zwecken verwendet und ihre Köpfe schließen nicht eben mit der Holzoberfläche ab. Für Senkkopfschrauben aber wird der Rand des Bohrloches mit einem Krauskopfbohrer angesenkt, d. h. trichterförmig vergrößert, sodass der Schraubenkopf hineingleiten kann. Entgraten Sie das Bohrloch einige Millimeter tief, bis die Trichterform des Schraubenkopfes entsteht.

Abdecken der Schrauben

Das Brett von vorne mit einem 4-mm-Bohrer durchbohren. Danach den 8-mm-Bohrer nehmen und dasselbe Loch mit diesem Bohrer ca. 8 mm tief nachbohren. Um beim Nachbohren die Bohrlochtiefe zu bestimmen, ein Kreppklebeband zum Markieren am Bohrer verwenden. In dieses Loch nach dem Festschrauben ein Stück Holzdübel eintreiben, somit ist die Schraube abgedeckt.

Loch für die Aufhängung

Zwei unterschiedlich große Löcher (z. B. ø 5 mm und 10 mm) im Abstand von ca. 2,5 cm senkrecht zueinander bohren und den Zwischenraum zwischen beiden Löchern aussägen (siehe Skizze).

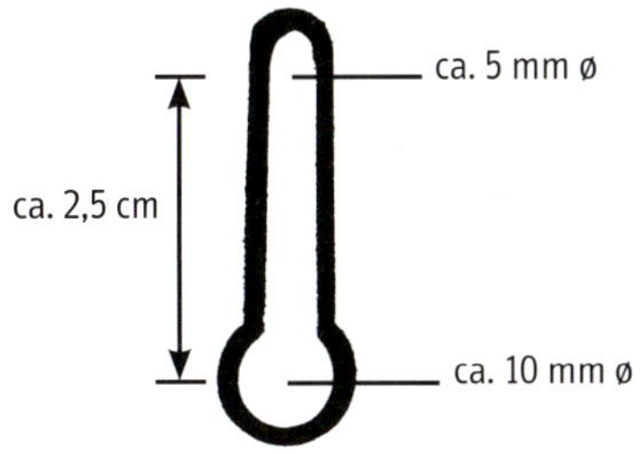

Arbeiten mit Teerpappe

Teerpappe, auch Dachpappe genannt, schützt das Dach der Nistkästen und Futterhäuschen vor Verwitterung. Sie ist als Meterware von der Rolle im Baumarkt erhältlich. Bitumendachbahnen eignen sich ebenfalls zur witterungsbeständigen Abdeckung. Sie sind in verschiedenen Ausführungen, Farben und Varianten im Baumarkt erhältlich.
Zum Schneiden einen Cutter oder eine alte, aber kräftige Schere verwenden, zum Aufnageln eignen sich Dachpappstifte (= Pappnägel).

Tipps und Tricks

- Bei anderen Brettstärken sind die Maße der Brettstärke anzupassen.
- Bei der Auswahl der Farben auf umweltfreundliche Produkte achten.
- Damit Sie nicht mehrere Nägel in unterschiedlichen Längen kaufen müssen, können Sie auch längere nehmen und diese mit der Kneifzange kürzen. Dafür halten Sie den Nagel am Kopf mit einer Kombizange fest und kneifen das unnötige Stück vom Stift ab.
- Kleine Nägel rutschen leicht weg, wenn man sie einschlagen möchte. Sie können den Nagel aber durch ein Stück Papier stecken oder mit einem Kartonstreifen, in den ein Schlitz im Nagelstiftdurchmesser geschnitten wurde, halten. So können Sie den Nagel senkrecht halten, während Sie ihn leicht ins Holz klopfen. Wenn der Nagel fest sitzt, ziehen Sie das Papier oder den Kartonstreifen weg und schlagen den Nagel ganz ein.
- Für alle Arbeiten mit Maschinen (Bohren, Sägen, usw.) ist es wichtig, die zu bearbeitenden Werkstücke durch Einspannen bzw. Festspannen gegen Verrutschen oder Verdrehen zu sichern. Dies geht am besten mithilfe von Schraubzwingen oder einem Schraubstock.

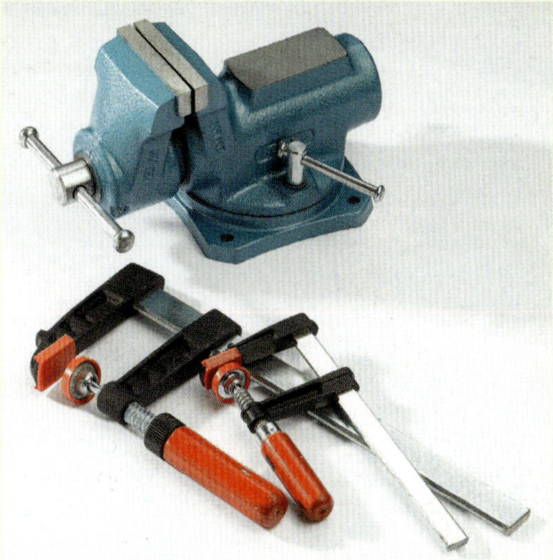

NISTKÄSTEN

Nicht alle Vögel brauchen Nistkästen; Arten jedoch, die auf Höhlen angewiesen sind, haben es vor allem in Städten schwer, da nur wenige Bäume natürliche Löcher in der richtigen Größe aufweisen. Wer einen Nistkasten zur Verfügung stellt, wird beim Beobachten der Vögel viel Freude haben.

Fachwerkhaus

→ idyllisch

MOTIVHÖHE
ca. 32 cm

MATERIAL
- Leiste (Nadelholz), gehobelt, 20 mm stark, 500 mm x 50 mm (Teil A)
- 2 Distanzstücke (Nadelholz) ø 40 mm, 20 mm stark (zu Teil A)
- 2 Bretter (Nadelholz), ungehobelt, 20 mm stark, 245 mm x 210 mm (Teil B)
- je 1 Brett (Nadelholz), ungehobelt, 20 mm stark:
  310 mm x 130 mm (Teil C)
  130 mm x 130 mm (Teil D)
  180 mm x 127 mm (Teil E)
- Leiste (Nadelholz), gehobelt, 20 mm x 20 mm, 130 mm lang (Teil F)
- Rundholz (Buche), ø 10 mm, 80 mm lang (Teil G)
- Brett (Nadelholz), ungehobelt, 20 mm stark, 150 mm x 130 mm (Teil H)
- Sperrholz (wasserfest verleimt), 8 mm stark, 250 mm x 150 mm (Teil I/1)
- Sperrholz (wasserfest verleimt), 8 mm stark, 250 mm x 158 mm (Teil I/2)
- 6 Bitumen-Schweißbahnen (beschiefert), 260 mm x 60 mm (Dachschindeln)
- Bitumen-Schweißbahn (beschiefert), 260 mm x 120 mm (Dachmittelstück, First)
- Leistenstifte, ø 1,5 mm, 45 mm lang
- Leistenstifte, ø 1,5 mm, 30 mm lang (Teil F, H und G)
- 12 Senkkopfholzschrauben, ø 3,5 mm, 20 mm lang (Dach)
- 2 Senkkopfholzschrauben, ø 3,5 mm, 40 mm lang (Gelenk der Klappe)
- gerader Schraubhaken, ø 4 mm, 30 mm lang (Verschluss der Klappe)
- 2 Senkkopfholzschrauben, ø 5 mm, 55 mm lang (Teil A)
- 2 Rundkopfschrauben (möglichst Edelstahl), ø 5 mm, 80 mm lang (Baumbefestigung)
- 2 Unterlegscheiben, M5 (5,3 mm x 30 mm) (Baumbefestigung)
- Holzlasuren in Sonnengelb, Weiß, Maron, Tannengrün und Magenta
- Acrylmattfarbe in Umbra, Kobaltblau und Weiß

WERKZEUG
- Flachpinsel, 10 mm bis 15 mm breit
- Holzbohrer ø 3 mm, 4 mm, 5 mm, 6 mm, 10 mm und einen Senker (90°)
- Forstner- oder Kunstbohrer, ø 26 – 30 mm (Flugloch)
- ggf. Lochsäge, ø 40 mm
- Bandschleifer oder Schwingschleifer
- Heißluftpistole oder Lötlampe (Gas/Benzin)

VORLAGENBOGEN A

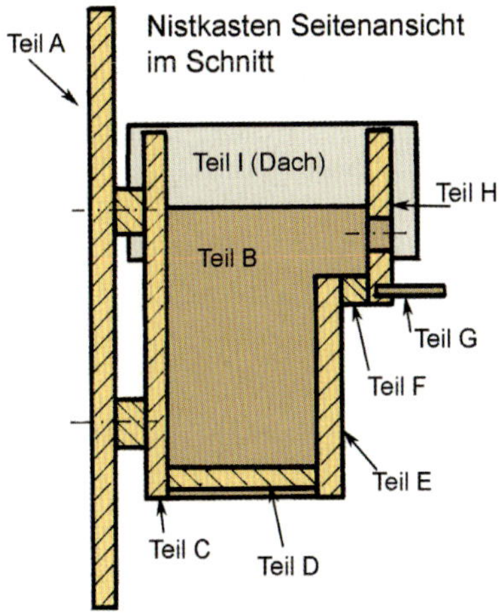

1 Die Bretter in einer Tischlerei einseitig hobeln lassen. Die Innenseite soll ungehobelt und unbehandelt bleiben. Alternativ die spätere Außenseite der Bretter vor dem Aufzeichnen und Aussägen der einzelnen Bauteile mit dem Band- oder Schwingschleifer bearbeiten, bis die Fläche glatt ist.

2 Wegen der Dachschrägen schon beim Anreißen und Sägen sehr genau arbeiten, um spätere Schwierigkeiten beim Zusammenbau zu vermeiden. Alle Bauteile aufzeichnen und mit der Stichsäge aussägen. Die Seitenteile (Teil B) als linkes und rechtes Teil (wie in der Zeichnung) aufzeichnen und deren Oberkanten auf Grund der Dachschrägen im Winkel von 45° sägen. Die beiden Distanzstücke zu Teil A mit der Lochsäge, ø 40 mm, aus einem 20 mm starken Brett heraussägen. Alternativ quadratische Stücke von 40 mm x 40 mm verwenden.

3 Nach dem Zuschnitt das Flugloch und das Loch für die Sitzstange bohren. Der Bohrmittelpunkt für die Stange (Teil G) sollte mittig 15 mm über der Unterkante von Teil H liegen. Die Bohrtiefe beträgt 15 mm und der Bohrdurchmesser 10 mm. Die vier Lüftungslöcher, ø 5 mm bis 6 mm, in den Boden bohren, ihre Anordnung kann frei bestimmt werden.

4 Die Bauteile montieren. Die Teile B, C, D, F und H durch Leistenstifte miteinander verbinden. Beim Verbinden der Teile (außer bei Teil D) darauf achten, dass diese an den Außenkanten möglichst bündig miteinander abschließen, das erspart späteres Nacharbeiten.

5 Den höher sitzenden Boden (Teil D) etwa 7 mm über der Seiten- und Rückwandunterkante einsetzen und durch Leistenstifte mit der Rückwand (Teil C) und einem Seitenteil (Teil B) verbinden. Die Teile F und H vor der Montage mit dem Seitenteil durch die kurzen Leistenstifte miteinander verbinden.

6 Das zweite Seitenteil (Teil B) aufsetzen und mit der Rückwand (Teil C) sowie der Vorderseite (Teil H) durch Leistenstifte verbinden. Die Leistenstifte schräg – einmal zur einen, dann zur anderen Seite – einschlagen. Das erhöht die Festigkeit der Nagelverbindung. Nach dem Zusammenbau den Nistkasten an den Verbindungsstellen übergangslos verschleifen.

7 Die zwei Schrauben, welche als Gelenk dienen, einschrauben. Die Bohrung für das Gelenk bei beiden Seitenteilen (Teil B) 145 mm von der Unterkante und 10 mm von der Vorderkante bohren und zusätzlich auf Schraubenkopfgröße versenken. Die Schrauben nur so fest anziehen, dass die Klappe beweglich bleibt und der Abstand zwischen Seitenteil und Klappe rechts und links gleich ist (Spalt von je 1,5 mm).

8 Die Außenseite des Hauses mit Lasur und Acrylfarbe bemalen, der Innenraum bleibt unbehandelt. Das Haus zuerst mit der gelben Lasur streichen. Die Sitzstange vor dem Einsetzen mit der maronfarbenen Lasur behandeln und von der Unterkante (Teil H) mit einem Leistenstift annageln.

9 Nach dem Trocknen auf der Vorderseite die Balken des Fachwerks mit Acrylfarbe aufmalen. Die Balken mit Lineal, Dreieck und Bleistift aufzeichnen. Die Balken mit dem 10 mm bis 15 mm breiten Flachpinsel aufmalen, dabei den Pinsel unter gleichmäßigem Druck entlang der Balkeneinteilung über die Oberfläche ziehen. Am besten vor dem Farbauftrag auf einem Probestück ausprobieren.

10 Auf den Seitenteilen das Fachwerk und die Fenster mit Acrylfarbe aufmalen. Tür und Fensterläden ebenfalls aufmalen oder (wie beim abgebildeten Haus) aus Leistenresten anfertigen. Die entsprechende Größe der Teile ist abhängig von der Balkenaufteilung und muss selbst bestimmt werden.

11 Die Klappe des Hauses kann geöffnet werden. Der Schraubhaken dient dem Verschließen der Klappe (linke Hausseite unten). Zum Verschließen der Klappe den Schraubhaken um 90° nach rechts drehen. Wichtig ist, dass sich der Haken nicht leicht bewegen lässt und ein Verdrehen ohne Hilfsmittel (Zange) nur schwer möglich ist. Über die Klappe lässt sich der Innenraum des Nistkastens problemlos reinigen.

12 Die Dachteile mit weißer Lasur streichen. Nach dem Trocknen aufschrauben. Zuerst Teil I/1 anschrauben, dann Teil I/2 anschrauben, sodass es Teil I/1 an der Oberkante überlappt. Der Dachüberstand an der Rückseite des Hauses muss 10 mm betragen.

13 Die Dachschindeln aus Bitumen-Schweißbahn mit dem Cutter zuschneiden. Eine Holzleiste als Führungsschiene beim Schneiden verwenden. Den Arbeitsplatz durch alte Zeitungen vor Verschmutzung schützen. Eine Hartfaserpappe oder Spanplatte als Unterlage verwenden. Zum Ausschneiden der Ecken eine Pappschablone nach Vorlage anfertigen. Diese Schablone auflegen und mit dem Cutter die Ecken ausschneiden. Auch das Herausstechen mit dem Stemmeisen ist möglich. Bei dem breiten Stück (Dachfirst) die Schablone an beiden Seiten anlegen.

14 Die Schindelstreifen aufsetzen. Vor dem Aufschweißen der Stücke diese zur Probe auf dem Dach ausrichten und die Lage jedes Streifens mit dem Bleistift markieren. Vor dem Erhitzen die Folie auf der Schweißbahninnenseite entfernen. Streifen für Streifen mit der Heißluftpistole erhitzen und von unten beginnend an den Markierungen ansetzen und aufkleben. Dabei wird auf beiden Dachhälften mit den schmalen Streifen begonnen, zuletzt wird das Mittelstück (First) aufgeklebt. Hierzu unbedingt Arbeitsschutzhandschuhe tragen, da heißes Bitumen zu schweren Verbrennungen auf der Haut führen kann.

15 Die Befestigungsleiste (Teil A) vor dem Anschrauben an der Rückseite mit tannengrüner und maronfarbener Lasur streichen, sodass die Farben ineinander verlaufen. So wirkt die Leiste unscheinbar und der Nistkasten zeichnet sich stärker von ihr ab. Zum Befestigen der Leiste die in der Materialliste angegebenen Schrauben und Unterlegscheiben verwenden.

Spar-Tipp

Da für das Vogelhaus nur kleine Stücke der Schweißbahn benötigt werden, kann man auch beim Dachdecker nach einem Reststück fragen, bevor man eine ganze Rolle kauft.

Hier wohnt Familie Piep

→ willkommen zuhause!

MOTIVHÖHE
ca. 33 cm hoch (nur Häuschen)

MATERIAL
- Holzbretter in Natur, 18 mm stark:
  180 mm x 215 mm (Dach A1)
  195 mm x 215 mm (Dach A2)
  140 mm x 220 mm (Seite E1, E2) Fertigmaß 45°,
  210 mm hinten, 195 mm vorne
  215 mm x 260 mm (Boden D)
  283 mm x 180 mm (Klappe C und Front B)
  660 mm x 60 mm (Herstellung der Dachschindeln)
- Vierkantholz, 50 mm x 15 mm x 8 mm (Griff F)
- Pappelsperrholz, 10 mm stark, 360 mm x 250 mm
- 4 Vierkanthölzer, 15 mm x 15 mm, 57 mm lang (Pfosten)
- Vierkantholz, 15 mm x 10 mm, 70 mm, 80 mm und 200 mm lang (Zaun)
- Aststücke, ca. 75 mm lang
- Dachpappe, 420 mm x 220 mm
- Holzlasuren in Pistazie, Cherry und Cognac
- 25 Spanplattenschrauben, ø 4 mm, 40 mm lang
- 20 Spanplattenschrauben für Scharniere und Winkelverbinder, ø 4 mm, 20 mm lang
- 2 Scharniere, schmal verzinkt, 65 mm lang (pro Seite 15 mm breit)
- 16 Tapezierstifte in Schwarz, ø 1,4 mm, 16 mm lang (Dachpappe)
- 16 Nägel in Braun, ø 1,5 mm, 25 mm lang
- Nägel, verzinkt, ø 1,5 mm, 18 mm lang (Dachschindeln, Griff, Zaun)
- 2 Winkelverbinder, verzinkt, 50 mm x 50 mm x 40 mm
- Vorreiber, verzinkt, 30 mm lang (Häkchen zum Schließen)
- Pfosten, 45 mm x 44 mm, 2,40 m lang
- Forstnerbohrer oder Kreisschneider, ø 35 mm
- Holzbohrer, ø 2,5 mm
- Kreissäge

VORLAGENBOGEN A

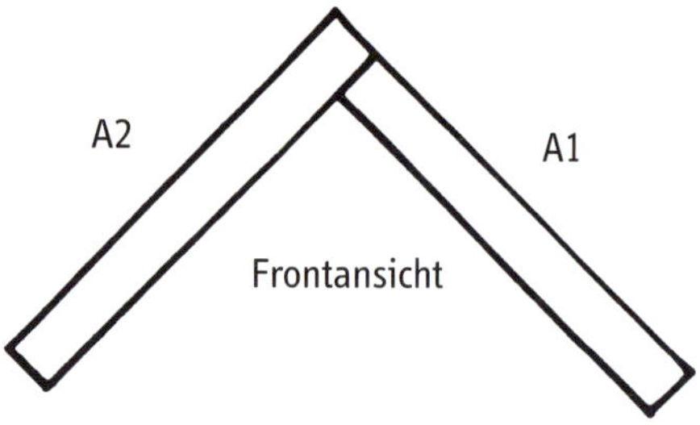

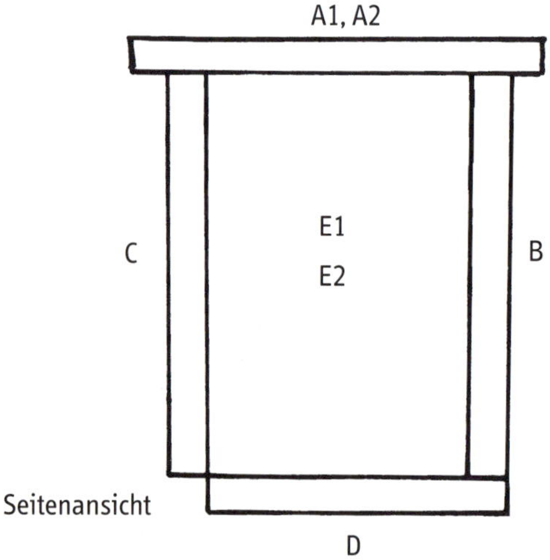

1 Die Bauteile wie angegeben zuschneiden, die Oberkanten der Seitenbretter (E1, E2) im 45°-Winkel absägen. In die Bodenplatte (D) vier Belüftungslöcher, ø 2,5 mm, bohren. Die Außenseiten mit grobem Schleifpapier glätten, das Einflugloch bohren.

HIER WOHNT
FAMILIE
PIEP

2 Den Boden (D), das Frontteil (B) und die Seitenteile (E1, E2) mit den größeren Schrauben verbinden.

3 Die zwei Dachteile (A1, A2) zusammenschrauben, auf das Häuschen setzen und von oben nach Vorlage markieren und befestigen.

4 Scharniere anbringen, die Klappe (C) montieren. Den Griff auf die Klappe nageln, den Vorreiber seitlich zum Schließen hineindrehen. Die Kleinteile aus dem Sperrholz aussägen und anmalen. Mit den braunen Nägeln am bemalten Häuschen anbringen.

5 Die Dachpappe annageln. Für die Dachplatten die Kreissäge auf 4 mm einstellen und aus dem 66 cm langen Holzstück vier Streifen sägen. Diese dann in je drei Stücke teilen. Mit der Dekupiersäge gemäß Vorlage die Schindelreihen zusägen. Diese dann von unten auf das Dach nageln.

6 Den Zaun bauen, dafür die schmalen Vierkanthölzchen an die 15 mm x 15 mm großen Stücke nageln, von unten an die Bodenplatte schrauben. Die Aststückchen mit Nägeln befestigen. Den Pfosten auf die gewünschte Länge kürzen, eine Seite anspitzen (siehe Vorlage), passend anmalen und mit den Winkelverbindern befestigen.

Werken-Tipp

Die Herstellung der Dachschindeln ist sehr aufwändig und erfordert Erfahrung im Umgang mit der Kreissäge. Alternativ kann man fertige Holzschindeln verwenden. Achten Sie beim Kauf auf eine stabile, gute Qualität. Dünne Schindeln sind oftmals nur für den Innenbereich geeignet.

Hinweis

Die Schindeln können sich bei lang anhaltendem Regen wellen. Damit man länger Freude daran hat, ist ein geschützter Platz von Vorteil.

Untermieter gesucht

ANLEITUNG S.18/19

Untermieter gesucht

→ nur hereinspaziert

MOTIVHÖHE
ca. 38,5 cm (nur Häuschen)

MATERIAL
- Holzbretter in Natur, 18 mm stark:
  220 mm x 255 mm (Dach A1, A3)
  150 mm x 255 mm (Dach A2)
  270 mm x 205 mm (Seite B1, B2) Fertigmaß 45°, 255 mm hinten, 240 mm vorne
  170 mm x 205 mm (B 3) Fertigmaß 60°, 155 mm hinten, 140 mm vorne
  365 mm x 205 mm (Boden C)
  340 mm x 180 mm (Klappe G2 und Front G1)
  150 mm x 220 mm (Klappe E2 und Front E1)
- Pappelsperrholz, 10 mm stark, 140 mm x 250 mm, je 1 Vierkantholz, 20 mm x 20 mm, 150 mm und 180 mm lang (Streben D1, D2)
- Pfosten, 55 mm x 55 mm, 2,40 m lang
- Dachpappe, 320 mm x 274 mm und 245 mm x 274 mm
- Holzlasuren in Pistazie, Bernstein, Cognac und Cherry
- Acrylfarbe in Grün
- wasserfester Stift in Schwarz (Balkon)
- 33 Spanplattenschrauben, ø 4 mm, 40 mm lang
- 18 Spanplattenschrauben, ø 4 mm, 20 mm lang (Scharniere)
- 4 Spanplattenschrauben, ø 4 mm, 30 mm lang (Streben)
- 3 Scharniere, schmal verzinkt, 65 mm lang (pro Seite 15 mm breit)
- 16 Tapezierstifte in Schwarz, ø 1,4 mm, 16 mm lang (Dachpappe)
- 16 Nägel in Braun, ø 1,5 mm, 25 mm lang (Kleinteile)
- 2 Vorreiber, verzinkt, 30 mm lang (Hölzchen zum Schließen)
- 2 Winkelverbinder, verzinkt, 50 mm x 50 mm x 40 mm
- Forstnerbohrer oder Kreisschneider, ø 45 mm und ø 28 mm
- Holzbohrer, ø 2,5 mm

VORLAGENBOGEN A

Frontansicht

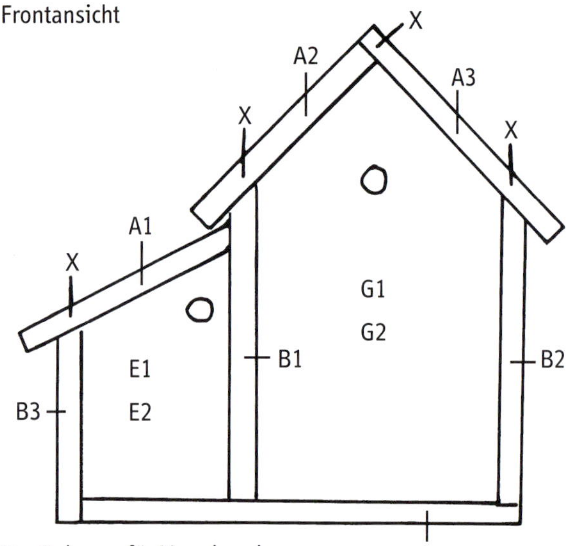

X = Bohrung für Verschraubung

1 Die Bauteile wie angegeben zuschneiden. Die Oberkanten der Seitenbretter (B1, B2) im 45°-Winkel absägen, eine davon spiegelverkehrt. Beim Seitenbrett B3 im 60°-Winkel sägen.

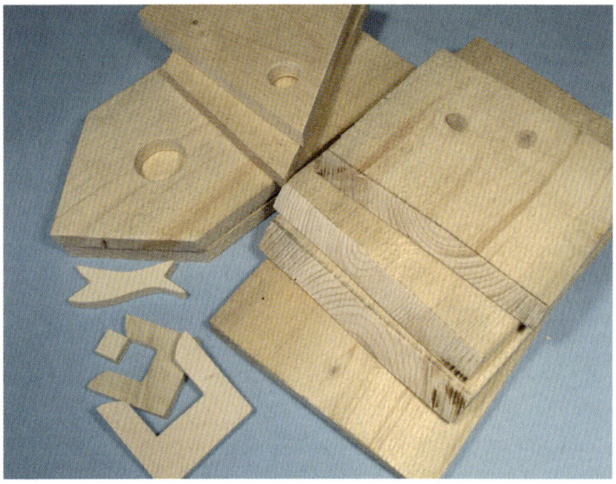

2 In die Bodenplatte vier Belüftungslöcher bohren. Die Außenseiten mit dem gröberen Schleifpapier glätten. Die Einfluglöcher bohren.

3 Die Frontteile (G1, E1), die Seitenteile (B1, B2, B3) und den Boden (C) mit den größeren Schrauben verbinden. Die Streben (D1, D2) zwischen den Seitenwänden von außen aufschrauben.

4 Die zwei Dachteile (A2, A3) zusammenschrauben, auf das größere Häuschen setzen und von oben markieren, vorbohren und mit Schrauben befestigen. Das Dach für das kleine Häuschen (A1) im 60°-Winkel abschrägen und ebenfalls anbringen.

5 Scharniere hinten anbringen, die Klappen (E2, G2) montieren. Das kleine Häuschen mit einer Mischung aus Cherry und Bernstein, das große in Bernstein anmalen.

6 Die Kleinteile aus dem Sperrholz aussägen und anmalen. Die Kleinteile mit den braunen Nägeln an den bemalten Häuschen anbringen. Die Dachpappe ebenfalls annageln. Die Vorreiber hineindrehen.

7 Den Pfosten auf die gewünschte Länge kürzen, eine Seite anspitzen (siehe Vorlage) und anmalen. Nach dem Trocknen mit den Winkelverbindern am Häuschen anbringen.

Ornithologen-Tipp

Reinigen Sie nach der Brutsaison Ihren Nistkasten, damit sich kein Ungeziefer im Nest ansiedelt. Die Reinigung sollte im Spätsommer oder im Februar durchgeführt werden, da sich in der kalten Jahreszeit überwinternde Tiere darin zurückgezogen haben könnten.

Bauernhäuschen

→ mit ländlich-rustikalem Charme

MOTIVHÖHE
ca. 29 cm (Häuschen)

MATERIAL

- Holzbretter in Natur, 18 mm stark:
  180 mm x 370 mm (Dach A1)
  160 mm x 370 mm (Dach A2)
  200 mm x 320 mm (Seite B1, B2); Fertigmaß 45°,
  170 mm vorne, 185 mm hinten
  162 mm x 200 mm (Boden C)
  162 mm x 100 mm (Vorbau D1)
  162 mm x 80 mm (Vorbau D2)
  185 mm x 162 mm (Front E)
  250 mm x 162 mm (Klappe F)
- Pappelsperrholz, 10 mm stark, 210 mm x 240 mm
- Vierkantholz, 20 mm x 20 mm, 160 mm lang (Strebe)
- Vierkantholz, 20 mm x 40 mm x 8 mm (Griff)
- Pfosten, 45 mm x 45 mm, 2,50 m lang
- Baumrinde
- Dachpappe, 380 mm x 400 mm
- Holzlasur in Weiß
- Acrylfarbe in Braun, Friesenblau und Schwarz
- 26 Spanplattenschrauben, ø 4 mm, 40 mm lang
- 12 Spanplattenschrauben, ø 4 mm, 20 mm lang (Scharniere)
- 2 Spanplattenschrauben, ø 4 mm, 30 mm lang (Strebe)
- 2 Scharniere, schmal verzinkt, 65 mm lang (pro Seite 15 mm breit)
- 50 Tapezierstifte in Schwarz, ø 1,4 mm, 16 mm lang (Dachpappe)
- 26 Nägel in Braun, ø 1,5 mm, 25 mm lang (für Deckenleisten)
- Nägel, verzinkt, ø 1,5 mm, 18 mm lang (Baumrinde)
- Nägel, verzinkt, ø 1,5 mm, 25 mm lang (Griff)
- 2 Winkelverbinder, verzinkt, 50 mm x 50 mm x 40 mm
- Vorreiber, verzinkt, 30 mm lang (Häkchen zum Schließen)
- Forstnerbohrer oder Kreisschneider, ø 35 mm
- Holzbohrer, ø 2,5 mm

VORLAGENBOGEN A

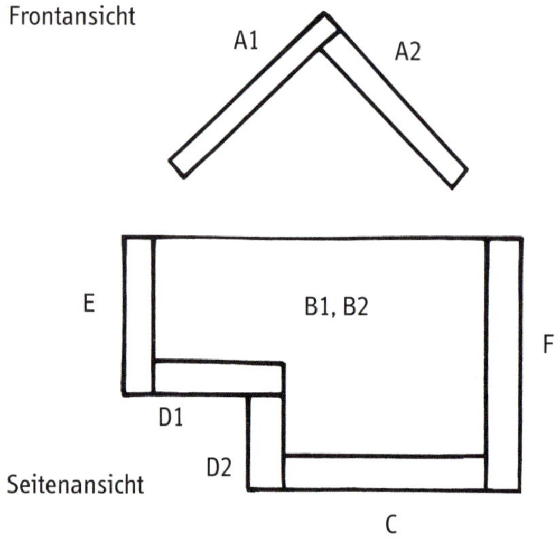

1 Die Bauteile wie angegeben zuschneiden. Die Oberkanten der Seitenbretter (B1, B2) im 45°-Winkel absägen. Mit dem groben Schleifpapier die Außenseite etwas glätten. In die Bodenplatte vier Belüftungslöcher bohren. Das Einflugloch bohren.

2 Die Front E, die Vorbauteile D1 und D2 sowie den Boden C mit den größeren Schrauben verbinden. Die Seitenteile B1 und B2 anbringen. Das Vierkantholz zwischen den Seitenwänden von außen anschrauben.

3 Die zwei Dachteile A1 und A2 zusammenschrauben und auf das Häuschen setzen. Von oben nach Vorlage markieren, vorbohren und mit Schrauben befestigen.

4 Scharniere hinten anbringen, die Klappe F montieren. Das Häkchen zum Schließen (Vorreiber) rechts oben hineindrehen. Den Griff mit Nägeln befestigen.

5 Die Kleinteile aus dem Sperrholz aussägen und anmalen. Mit den braunen Nägeln am bemalten Häuschen anbringen.

6 Zuerst die Dachpappe, dann die Baumrinde annageln.

7 Beim Pfosten eine Seite anspitzen (siehe Vorlage) und mit wasserverdünnter, brauner Farbe anmalen. Nach dem Trocknen mit den Winkelverbindern ans Häuschen anbringen.

Ornithologen-Tipp

Beutegreifer, vor allem Marder, versuchen immer wieder an Eier oder Jungvögel zu gelangen, indem sie durch das Flugloch greifen. Bitte halten Sie sich daher unbedingt an die Maßangaben für das Einflugloch: Vögel suchen sich einen Nistkasten mit einem Einflugloch in passender Größe. Während Kleiber Einfluglöcher mit 32 mm bis 35 mm Durchmesser bevorzugen, benötigen beispielsweise Meisen kleinere Löcher (Blaumeise und andere kleinere Meisen 26 mm bis 28 mm).
Ein sicherer Marderschutz ist ein kleiner Vorbau an der Vorderseite, da das Tier nicht ums Eck greifen kann.

Schwedenhaus

ANLEITUNG S.24/25

Schwedenhaus

→ hier fühlen sich die Vögel wohl

MOTIVHÖHE
ca. 42 cm

MATERIAL
- Sperrholz, 6 mm stark, 200 mm x 150 mm
- Sperrholzrest, 10 mm stark
- Brett in Fichte, 18 mm stark, 140 mm x 700 mm
- Brett in Fichte, 18 mm stark, 200 mm x 500 mm
- Leimholzbrett in Fichte, 18 mm stark, 300 mm x 800 mm
- Rechteckleiste, 10 mm x 40 mm, 700 mm lang
- Lattenrest, 35 mm x 50 mm x 150 mm
- Holzlasuren in Weiß, Rost, Bernstein und Pistazie
- Teerpappe, besandet, 600 mm x 260 mm
- ca. 25 Senkkopfschrauben, ø 3,5 mm, 35 mm lang
- Holzschraube, ø 5 mm, 60 mm lang (Schornsteinbefestigung)
- 4 Holzdübel, ø 8 mm
- 4 Ringschrauben, ø 8 mm (außen), ø 4 mm (innen)
- Einschraubhaken, verzinkt, ø 3 mm, 40 mm lang
- 8 Nägel, ø 1,2 mm, 20 mm lang
- ca. 22 Pappnägel, ø 2 mm, 20 mm lang
- dünner, wasserfester Stift in Schwarz
- Holzbohrer, ø 1,5 mm, 2 mm, 4 mm, 5 mm, 6 mm, 8 mm und 10 mm
- Forstnerbohrer, ø 30 mm

VORLAGEN SEITEN 76-79

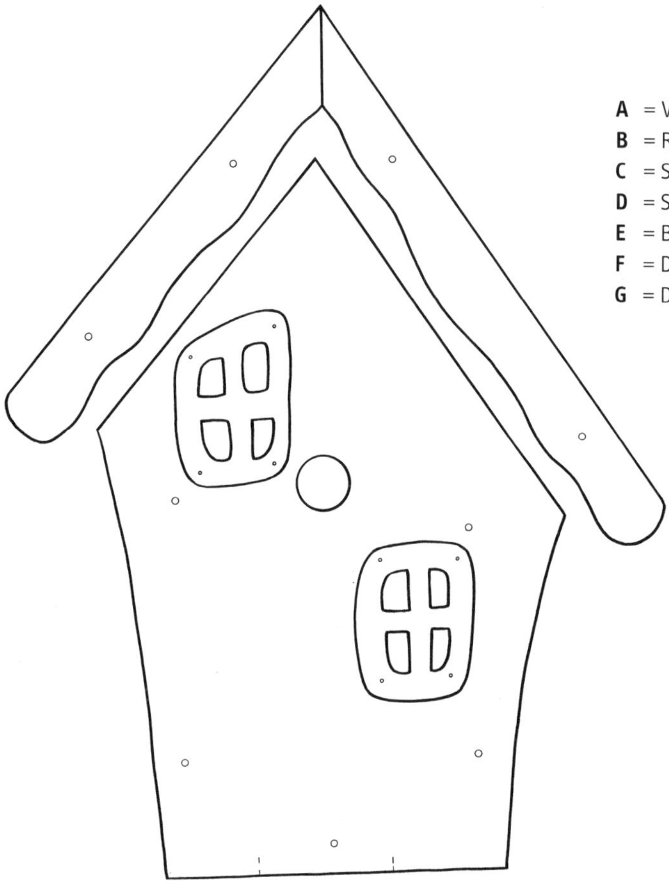

A = Vorderseite
B = Rückseite
C = Seitenteil
D = Seitenteil
E = Bodenteil
F = Dach
G = Dach

1 Das Herz und die Fenster aus dem dünnen und das Schild aus dem dicken Sperrholz aussägen.

2 Zum Aussägen der Fensterinnenflächen ein Loch, ø 6 mm, in die Fläche bohren, das Sägeblatt durchfädeln und aussägen.

3 Die Bodenplatte und die Seitenteile aus dem schmalen und die Dachteile aus dem breiten Brett zuschneiden. Die Vorderseite und die Rückseite aus dem Leimholz aussägen. Die Dachkante aus der Rechteckleiste zuschneiden und den Schornstein aus dem Lattenrest arbeiten. Alle Holzteile versäubern und die Bohrungen ausführen.

4 Die Teile wie abgebildet anmalen, jedoch die Innenseiten und Dachteile in Natur belassen. Die Fenster aufnageln und das Grundgerüst erstellen. Dazu die Seitenteile, die Vorder- und Rückseite sowie die Bodenplatte miteinander verschrauben. Darauf achten, dass das linke Seitenteil nur im oberen Bereich so verschraubt wird, dass es später noch beweglich bleibt. Die Holzdübelstücke zum Abdecken der Schrauben der Vorderseite eintreiben.

5 Das Dach anschrauben und die Teerpappe aufnageln.

6 Die Dachkante und den Schornstein festschrauben.

7 Das Häuschen ist fertig. Zum Reinigen lässt es sich durch die seitliche Klappe öffnen.

8 Das komplette, beschriftete Schild mit Ringschrauben unter das Haus hängen.

Ornithologen-Tipp

Hängen Sie das Vogelhäuschen nicht mit dem Einflugloch in Richtung Wetterseite (in der Regel Westen), sondern eher an eine Stelle, an der es gegen Wind und Regen geschützt ist. Allerdings sollte es auch nicht praller Sonne ausgesetzt sein. Ideal ist eine Ausrichtung nach Osten oder Südosten.

Apfelbaum

→ Farbtupfer im Garten

MOTIVHÖHE
ca. 40 cm

MATERIAL
- Holzbretter in Natur, 18 mm stark:
  140 mm x 215 mm (Dach A)
  140 mm x 210 mm (Seite B)
  140 mm x 150 mm (Boden C)
  138 mm x 195 mm (Klappe D)
- Leimholz, 18 mm stark, 770 mm x 400 mm (Bäume)
- Pappelsperrholz, 10 mm stark, 80 mm x 200 mm (Äpfel)
- Dachpappe, 230 mm x 140 mm
- 8 Zweigstückchen, je ca. 20 mm lang
- Holzlasuren in Pistazie, Cherry und Cognac
- Acrylfarbe in Schwarz
- Vierkantholz, 20 mm x 20 mm, 140 mm lang (E)
- Vierkantholz, 40 mm x 20 mm, 8 mm lang (Griff)
- 25 Spanplattenschrauben, ø 4 mm, 40 mm lang
- 12 Spanplattenschrauben, ø 4 mm, 20 mm lang (Scharniere)
- 2 Spanplattenschrauben, ø 4 mm, 30 mm lang (Stütze)
- 2 Scharniere, schmal verzinkt, 65 mm lang (pro Seite 15 mm breit)
- 16 Tapezierstifte in Schwarz, ø 1,4 mm, 16 mm lang (Dachpappe)
- 16 Nägel für Deckenleisten in Braun, ø 1,5 mm, 25 mm lang
- 2 Nägel, verzinkt, ø 1,5 mm, 25 mm lang (Griff)
- Vorreiber, verzinkt, 30 mm lang (Häkchen zum Schließen)
- Ringschraube, ø 5 mm, 40 mm lang
- 2 Muttern (passend zur Ringschraube)
- 2 Unterlegscheiben (passend zur Ringschraube)
- Forstnerbohrer oder Kreisschneider, ø 30 mm
- Holzbohrer, ø ca. 0,5 mm (je nach Stärke der Zweige) und ø 2,5 mm

VORLAGENBOGEN A

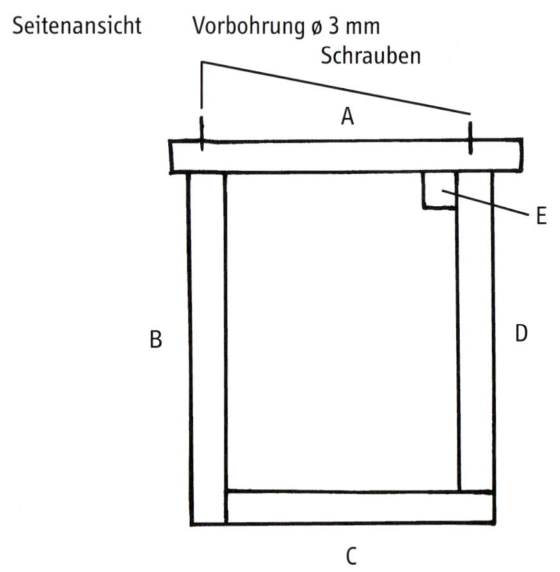

1 Auf dem Leimholz den Apfelbaum abpausen und einmal normal und einmal spiegelverkehrt aussägen. Das Seitenteil B, das Dach A, den Boden C und die Klappe D wie angegeben zusägen.

2 Aus dem Sperrholz mit einer Dekupiersäge die Äpfel aussägen. In die Bodenplatte vier Belüftungslöcher, ø 2,5 mm, bohren. Das Einflugloch, ø 30 mm, bohren.

3 Die Bretter mit dem gröberen Schleifpapier auf der äußeren Seite, die Kanten der Äpfel mit dem feineren Schleifpapier glätten.

4 Seitenteil B, Bodenplatte C und Dach A aneinanderschrauben. Die Scharniere anbringen und die Klappe D anschrauben.

5 Den Baum doppelt nehmen und an den markierten Stellen durchbohren. Zunächst den vorderen, dann den hinteren Baum mit den Schrauben am bereits gebauten Rahmen befestigen.

6 Damit die Klappe nicht nach innen kippen kann, einen Anschlag bündig befestigen. Dafür das Vierkantholz E jeweils von der Seite anschrauben.

7 Die Äpfel oben anbohren und rot bemalen. Mit Schwarz schattieren, dafür nur sehr wenig Farbe aufnehmen und den Pinsel so lange auf einem Stück Papier abstreifen bis fast keine Farbspuren mehr sichtbar sind. Die Zweigstückchen fest hineindrücken. Die restlichen Teile anmalen und gut trocknen lassen. Dann die Äpfel mit je zwei braunen Nägeln am Baum befestigen.

8 Die Dachpappe mit den Tapeziernägeln anbringen. Die Ringschraube anbringen, jeweils innen und außen mit einer Unterlegscheibe und einer Mutter fixieren.

Ornithologen-Tipp

Hängen Sie den Nistkasten auf jeden Fall so auf, dass Katzen ihn nicht erreichen können.

Sperlingskolonie
ANLEITUNG S.30/31

Sperlingskolonie

→ ein echtes Luxushaus

MOTIVHÖHE
ca. 49 cm

MATERIAL
- Brett, 18 mm stark, 140 mm x 2,50 m
- Brett, 18 mm stark, 200 mm x 2,15 m
- Sockelleiste, 8 mm x 50 mm, 1 m lang
- Holzlasuren in Weiß, Pastellblau, Pastellgrün, Pastelllachs, Lachs, Tannengrün und Taubenblau
- Teerpappe, besandet, 460 mm x 480 mm und 2 x 460 mm x 230 mm (bei doppelt liegender Pappe)
- ca. 52 Senkkopfschrauben, ø 3,5 mm, 35 mm lang
- 3 Holzdübel, ø 8 mm
- 3 Einschraubhaken, verzinkt, ø 3 mm, 40 mm lang
- 24 Nägel, ø 1,2 mm, 20 mm lang
- ca. 60 Pappnägel, ø 2 mm, 20 mm lang
- Holzbohrer, ø 1,5 mm, 2 mm, 4 mm, 5 mm, 8 mm und 10 mm
- Forstnerbohrer, ø 30 mm

VORLAGEN SEITEN 81-85

1 Die Fenster- und Türflügel aus der Sockelleiste zuschneiden. Die Vorderseiten, die Rückseiten, die klappbaren Seitenteile der Seitenhäuser, alle Bodenplatten und die Rückseite des Mittelhauses aus dem schmalen Brett aussägen. Beide Zwischenwände, die Vorderseite und die Dachflächen aus dem breiten Brett aussägen.

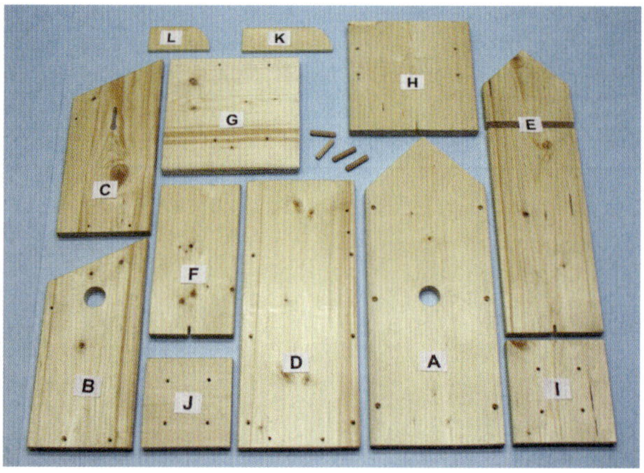

A = Vorderseite vom Mittelhaus
B = Vorderseite Seitenhäuser 2 x
C = Rückseite Seitenhaus 2 x
D = Zwischenwand zwischen Seitenhaus und Mittelhaus 2 x (Bohrungen wegen der Dachschräge gespiegelt)
E = Rückwand Mittelhaus (besteht aus festem oberen Teil und beweglicher Klappe)
F = Seitenteil (Klappe) Seitenhaus 2 x
G = Dach Seitenhaus 2 x
H = Dach Mittelhaus 2 x
I = Bodenplatte Mittelhaus
J = Bodenplatte Seitenhäuser 2 x
K = großer Türflügel Mittelhaus 2 x
L = kleiner Fenster-Türflügel 6 x

2 Nach dem Schleifen der Kanten mit Schleifpapier alle Bohrungen ausführen.

3 Die Teile wie abgebildet anmalen. Die Innenseiten und die Dachflächen jedoch unbehandelt lassen.

4 Das Gerüst erstellen. Dazu die Vorder- und Rückseite der Seitenhäuser mit der entsprechenden Zwischenwand und den Seitenteilen (Klappen) verschrauben. Auf die Beweglichkeit der Klappen achten.

5 Die Bodenplatte des Mittelhauses zwischen die Zwischenwände schrauben.

6 Die Bodenplatten der Seitenhäuser anbringen. Die Vorderseite des Mittelhauses festschrauben. Die Rückwand mit ihrem festen und dem beweglichen Teil (Klappe) anbringen. Darauf achten, dass die Klappe beweglich bleibt.

7 Die Fensterläden und die Tore aufnageln. Auf der Vorderseite des Mittelhauses zum Abdecken der Schrauben die Bohrlöcher mit dem 8-mm-Bohrer ansenken. Die Holzdübelstücke mit einem Hammer in die abgesenkten Löcher eintreiben.

8 Beiden Seitenhäusern die Dachflächen aufschrauben. Danach mit doppelt gelegter Teerpappe verkleiden. Das Dach des Mittelhauses anbringen und ebenfalls mit Teerpappe (doppelt gelegt) belegen.

9 Die Einschraubhaken zum Sichern der Klappen anbringen.

Werken-Tipp

Hier wird aus optischen Gründen die Teerpappe doppelt gelegt. Achten Sie bei einfacher Lage auf die Länge der Pappnägel, damit sie nicht auf der anderen Seite austreten.

Eichelhaus

→ eine etwas andere Wohnung

MOTIVHÖHE
ca. 43 cm

MATERIAL
- Brett, 18 mm stark, 140 mm x 500 mm
- Brett, 18 mm stark, 200 mm x 1 m
- Leimholz in Fichte, 18 mm stark, 300 mm x 500 mm
- Holzlasuren in Bernstein, Pistazie und Tannengrün
- Zinkblech, ca. 1 mm stark, 120 mm x 200 mm
- Teerpappe, besandet, 200 mm x 360 mm
- ca. 20 Senkkopfschrauben, ø 3,5 mm, 35 mm lang
- 4 Holzdübel, ø 8 mm
- Einschraubhaken, verzinkt, ø 3 mm, 40 mm lang
- 5 Nägel, ø 1,2 mm, 20 mm lang
- ca. 19 Pappnägel, ø 2 mm, 20 mm lang
- Holzbohrer, ø 1,5 mm, 2 mm, 4 mm, 5 mm, 8 mm und 10 mm
- Forstnerbohrer, ø 30 mm

VORLAGEN SEITEN 94-96

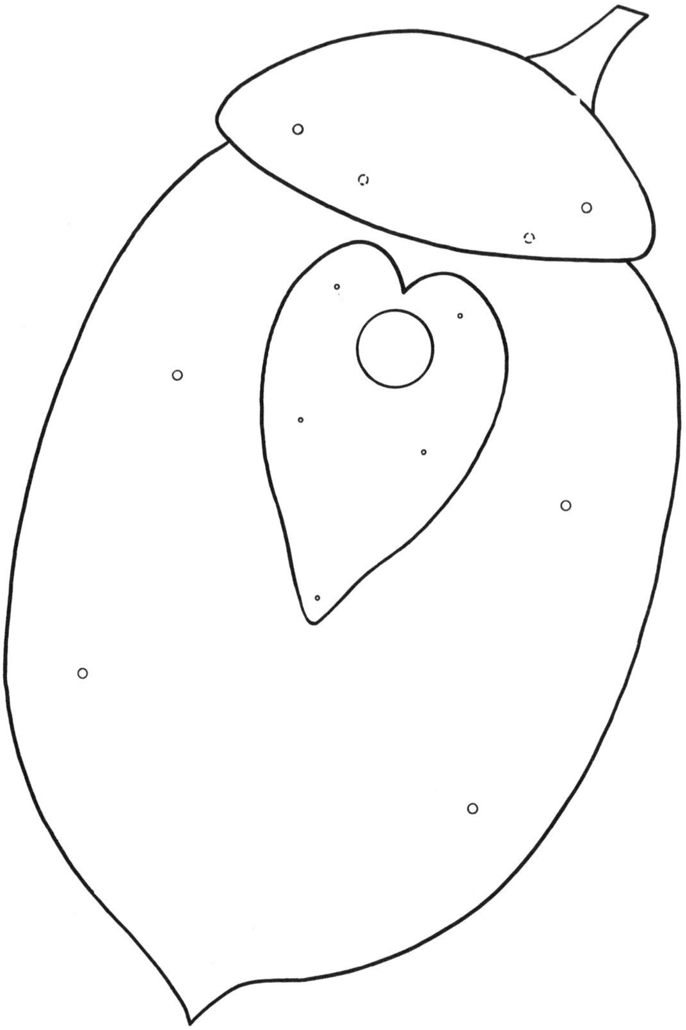

1 Mithilfe einer Schablone das Herz aus Zinkblech mit der Dekupiersäge zuschneiden (Sägeblatt entsprechend wählen). Das Einflugloch ebenfalls mit der Dekupiersäge aussägen. Den Forstnerbohrer kann man nur für Holz verwenden.

2 Die Bodenplatte und die Rückseite aus dem schmalen, die Seitenteile, die Dachflächen und das Eichelhütchen aus dem breiten Brett aussägen.

3 Die Vorderseite aus der Leimholzplatte aussägen, das Einflugloch mit dem Forstnerbohrer aussägen. Alle Kanten abschleifen und sämtliche Löcher bohren.

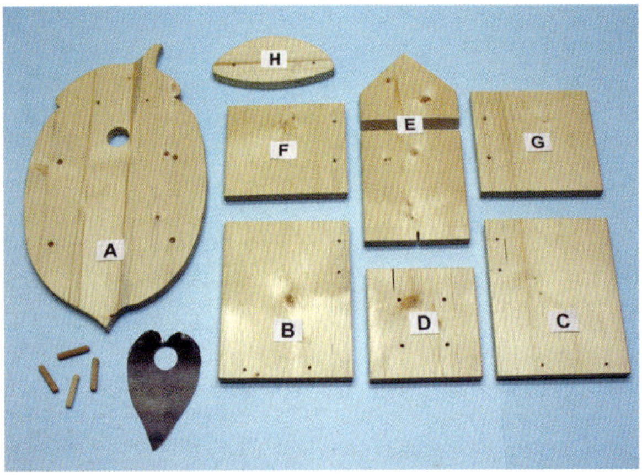

A = Vorderseite
B = Seitenteil links
C = Seitenteil rechts
D = Bodenplatte
E = Rückseite (festes oberes Teil und bewegliche Klappe)
F = Dach links
G = Dach rechts
H = Eichelhütchen

4 Die Holzteile wie abgebildet anmalen, jedoch die Innenflächen und die Dachteile unbehandelt lassen.

5 Das Grundgerüst erstellen. Dazu die Seitenteile mit der Bodenplatte und der Rückseite verschrauben. Bei der Rückseite darauf achten, dass sich die Klappe gut öffnen lässt. Die Dachflächen anschrauben.

6 Die Vorderseite anschrauben. Das Herz annageln und das Eichelhütchen aufschrauben.

7 Die Bohrlöcher auf der Vorderseite mit dem 8-mm-Bohrer ansenken. Die Holzdübelstücke zum Abdecken der Schrauben in die Vorderseite eintreiben.

8 Die Teerpappe festnageln. Den Einschraubhaken zur Sicherung der Klappe einschrauben.

Ornithologen-Tipp

Das Blechherz schützt die Bewohner dieses Nistkastens vor Eichhörnchen und Spechten, die das Einflugloch durch Nagen bzw. Picken vergrößern können.

Giebelkasten

ANLEITUNG S.36/37

Giebelkasten

→ luftig hoch

MOTIVHÖHE
ca. 25 cm

MATERIAL
- Leimholz, 20 mm stark, 850 mm x 400 mm
- Sperrholz, 10 mm stark, 120 mm x 120 mm
- Papierdraht in Natur, ø 2 mm, 25 cm lang
- Forstnerbohrer, ø 35 mm
- Metallscharnier in Gold, 60 mm x 45 mm
- Schraubhaken (Winkel), 10 mm x 20 mm, ø 2 mm
- Nägel, 40 mm lang
- Holzlasur in Bernstein
- Acrylfarbe in Gelb und Pink

VORLAGENBOGEN B

1 Zunächst die Bodenplatte, die Seitenwände und die Dachseiten nach Skizze sägen und schleifen. Aus der Vorderwand mit dem Lochkreisschneider das Einflugloch ausschneiden. Die Blume nach Vorlage aussägen, schleifen und das Aufhängeloch bohren. Anschließend lasieren und trocknen lassen.

2 Zuerst das Dach des Nistkastens zusammennageln. Die kürzere Dachseite unter die lange Seite nageln. Anschließend die Rückwand bündig annageln. Den Abstand für die Öffnungsklappe an der Unterseite ausmessen und anzeichnen.

3 Das Scharnier mittig an die Bodenplatte schrauben. Das Vorderteil entsprechend vom Dach aus annageln. Die Klappe muss sich leicht öffnen lassen. Die andere Hälfte des Scharniers an die Unterseite des Daches schrauben.

4 Den Haken an der Vorderseite ca. 3 cm vom Rand entfernt eindrehen, sodass die Klappe an der Unterseite festgehalten wird. Eine Bohrung an der rechten Dachhälfte ca. 5,5 cm vom unteren Rand und 1 cm vom vorderen Rand entfernt anbringen.

5 Die mit einem gekürzten Nagel zusammengesetzte Blume an den Draht hängen. Diesen zum Formen der Spiralen um einen Stift drehen und das Ende des Drahtes durch die Bohrung im Dach ziehen. Das Ende des Drahtes verdrehen.

Ornithologen-Tipp

Dreieckige Giebelkästen sind vor allem für Haussperlinge eine ideale Nisthilfe, da diese ihre voluminösen Nester in den Brutstätten bevorzugt in die Höhe und weniger in die Breite bauen. Der geringe Abstand vom Einflugloch zum Boden des Nistkastens erleichtert dadurch auch den Aufbau des Nestes. Sie können den Giebelkasten natürlich auch höher und dafür mit einer etwas kürzeren Bodenfläche arbeiten.

Hinweis

Aufgrund fortschreitender Häusersanierungen und Fassadenversiegelungen hat sich der europäische Bestand an Haussperlingen in den letzten Jahrzehnten stark dezimiert. Der unter anderem durch die zunehmende Verstädterung verursachte Rückgang des Nahrungsangebotes beschleunigt diese Entwicklung noch zusätzlich. Um auf die bedenkliche Situation aufmerksam zu machen, wurde der Haussperling 2002 vom Naturschutzbund Deutschland zum Vogel des Jahres gewählt.

Halbhöhle

→ einfach zu fertigen

MOTIVHÖHE
ca. 16,5 cm

MATERIAL
- Leimholz, 20 mm stark, 600 mm x 400 mm
- Leimholz, 20 mm stark, 80 mm x 250 mm (Befestigung)
- Sperrholz, 10 mm stark, 200 mm x 200 mm
- Nägel, 40 mm lang
- 4 Schrauben, ø 2 mm, 40 mm lang
- Holzlasur in Bernstein
- Acrylfarbe in Dunkelrot und Blau

VORLAGENBOGEN B

1 Zunächst alle Teile nach Skizze aussägen und schleifen.

2 An die Bodenplatte im rechten Winkel Vorder- und Rückseite annageln. Anschließend die Seitenteile befestigen.

3 Das Dach (Rückseite bündig) mittig annageln. Die Leiste für die Befestigung mittig an der Rückseite mit vier Schrauben fixieren.

4 Anschließend die Halbhöhle lasieren und die Herzen mit Acrylfarbe bemalen. Die Herzen mit je einem Nagel nach Abbildung auf der Vorderseite der Halbhöhle befestigen.

Ornithologen-Tipp

Da nicht alle Vögel in Nistkästen mit kleinen Einfluglöchern nisten, gibt es für einige Vogelarten, wie Bachstelze, Grauschnäpper, Hausrotschwanz und Zaunkönig, solche Halbhöhlen. Diese eignen sich auch gut zum Anbringen an einer Hauswand.

Nistkästen

Unsere heimischen Vögel haben alle möglichen Strategien entwickelt, wo man überall ein Nest anlegen kann. Während die einen frei in einer Hecke, in einem Baum oder auch am Boden und sogar auf schwimmenden Nestern brüten, bevorzugen andere lieber ein Dach über dem Kopf. Letztere nisten zum Beispiel in Nischen von Häusern und in Höhlen von Bäumen, die entweder vom Specht gemeißelt worden oder natürlich durch Fäulnis bzw. Astbruch entstanden sind. Dazu gehören sehr typische Nistkastenbewohner wie fast alle Meisen, Kleiber, der Gartenrotschwanz, verschiedene Schnäpper und Sperlinge.

Warum überhaupt Nistkästen?

Da derartige Nistmöglichkeiten immer seltener werden, ersetzen und ergänzen mittlerweile vielerorts Nisthilfen natürliche Höhlungen.

An natürlichen Nisthöhlen, wie sie von Spechten gemeißelt werden, herrscht mittlerweile in vielen Gegenden Mangel.

Zurück zur Natur

Natur- oder Vogelfreunde sollten auf chemische Bekämpfung von so genannten Schädlingen verzichten, sonst finden die Vögel keine Nahrung. Je mehr unterschiedliche Vögel einen Garten bevölkern, desto besser funktioniert die „natürliche Schädlingsbekämpfung". Pflanzen Sie überwiegend heimische Stauden und Gehölze, die in Herbst und Winter Samen und Beeren tragen und in denen Insekten leben.

Welche Kästen? Welche Arten?

Die Größe des Brutraums, die Größe des Einfluglochs und die Wahl des Standorts entscheiden wesentlich, wer später Mieter des Häuschens wird. Nachfolgend eine kleine Übersicht. Die ø-Angabe bezieht sich auf die Größe des Einflugloches.

Siedlungsbereich, vor allem ums Haus herum:
Blaumeise: ø 26-28 mm
Haussperling, Kohlmeise: ø 32 mm
Star: ø 45 mm
Halbhöhle: Hausrotschwanz, Bachstelze (eher im landwirtschaftlichen Bereich), Grauschnäpper

Gärten, Obstwiesen:
Blaumeise: ø 26-28 mm
Halsbandschnäpper (im Süden Deutschlands), Trauerschnäpper, Gartenrotschwanz (mag auch gerne ovale Einfluglöcher), Feld- und Haussperling (bei Nähe zur Siedlung), Kohlmeise, Kleiber (bei Nähe zum Wald oder zu Parks): ø 32 mm
Star, Wendehals: ø 45 mm
Halbhöhle: Bachstelze (eher im landwirtschaftlichen Bereich)

Das Blaumeisenweibchen legt ein- bis zweimal im Jahr zwischen April und Juni im Schnitt zehn Eier.

Ungebetene Gäste

Nicht immer sind es Vögel, die sich in Nistkästen einquartieren. Auch Eichhörnchen, Fledermäuse, Bilche (z. B. Siebenschläfer), Hornissen, Wespen und Mäuse nisten sich gerne ein. Bei Hornissen und Wespen ist von einer eigenmächtigen Beseitigung dringend abzuraten. Sie sind durch das Naturschutzgesetz geschützt und überdies nützlich. Außerdem kann Sie eine unsachgemäße Entfernung in ernstliche Schwierig-keiten bringen, zudem benötigen Sie eine behördliche Genehmigung. So ist es natürlich am besten, Sie gewähren den schönen und interessanten Insekten Wohnraum – und es wird in der Regel auch nichts passieren. Im Zweifel fragen Sie bei der Umweltberatung Ihrer Gemeinde oder bei einem Imker nach.

Im Nistkasten finden auch die vom Aus-sterben bedrohten Fledermäuse gelegentlich Unterschlupf.

Qualität beim „sozialen Wohnungsbau“

Kaufen Sie solides Holz (kein Pressholz), zum Beispiel Fichtenholz, da dieses bessere Isoliereigenschaften besitzt, widerstandsfähiger ist und sich besser verarbeiten lässt. Verwenden Sie keine Lacke und Holzschutzmittel, die giftige Dämpfe in den Brutraum abgeben. Achten Sie auf eine saubere Verarbeitung: Es sollten keine Strukturen entstehen, an denen sich Vögel verletzen können. Es darf kein Nagel offen in den Brutraum ragen und es dürfen keine größeren Fugen vorhanden sein. Achten Sie beim Kauf des Holzes auf Um-weltsiegel oder zertifiziertes Holz. Empfehlenswert ist sog. FSC-Holz (FSC = Forest Stewardship Council), das die Kriterien einer nachhaltigen Waldwirtschaft erfüllt. Fragen Sie Ihren Schreiner oder Fachhändler danach.

Ruhige Lage

Der Erfolg der Nisthilfe hängt ganz entscheidend von einem gut gewählten Standort ab. Die Stelle sollte ruhig sein und die Vögel sollten einigermaßen ungestört an-fliegen können. Von Terrassen, Balkonen und anderen Bereichen, wo Sie sich im Frühling häufig und über längere Zeit aufhalten, ist abzuraten. Allerdings sind viele Vogeleltern erstaunlich tolerant, wenn es gilt, den hungrigen Nachwuchs zu versorgen. Wird der Nistkasten direkt am Baum aufgehängt, verwenden Sie einen dicken Alunagel. Alu ist für Bäume verträglicher als Stahl oder Eisen.

Höhe und Standort

Eine große Höhe ist überhaupt nicht ausschlaggebend. Hängen Sie also Ihren Kasten so auf, dass Neugierige nicht ohne weiteres daran gelangen können und Sie ihn zum Reinigen ohne große Umstände mit einer einfachen Leiter erreichen können. Vielmehr ist bei der Montage zu beachten, dass der Kasten frei hängt und gut angeflogen werden kann, sich im Halbschatten befindet und somit nicht über längere Zeit einer starken Sonneneinstrahlung ausgesetzt ist. Das Flugloch sollte eher nach Osten oder Süden ausgerichtet sein als zur Wetterseite (Westen) und nicht nach oben weisen, damit keine Nässe eindringen kann. Bringen Sie Halbhöhlen oder eine Sperlingskolonie direkt an der Fassade z. B. unter dem Giebel oder unter einem vorspringenden Dach an.

Nistkästen ersetzen und ergänzen natürliche Baum- und Spechthöhlen.

Wie viele Kästen aufhängen?

Man kann durchaus mehrere Kästen, auch der gleichen Bauart, in einem engen Umkreis aufhängen. Sollten einige davon bei der Kontrolle weitgehend leer sein, so heißt das noch lange nicht, dass sie nicht gebraucht wurden: Oft schläft nämlich ein Elternteil in einem nahe dem Nistplatz gelegenen Kasten. Für weitere Arten kann man zusätzliche Möglichkeiten schaffen, indem man die Fluglochgröße variiert oder ein ganz anderes Modell wählt, z. B. eine Halbhöhle.

Kontrolle und Reinigung

Nistkästen müssen regelmäßig gereinigt werden: Die meisten Arten bauen jedes Jahr ein neues Nest, da dies zum Brutverhalten dazu gehört wie das Eierlegen. Wenn also das Vogelpaar bereits ein Nest in einem Kasten vorfindet, wird dieses nicht wieder verwendet, sondern einfach ein neues darüber platziert. Spätestens mit der dritten Schicht ist ein Kasten in aller Regel voll. Zum anderen befinden sich im alten Nest meist noch verschiedene Parasiten (z. B. Vogelflöhe). Wird das Nest nicht entfernt, bleiben diese den Nachmietern erhalten und schwächen Eltern und Brut. So bleibt der Kasten im Folgejahr aus den genannten Gründen meist unbenutzt, bis sich das Nest etwas zersetzt hat und die Parasiten weniger geworden sind. Daher sollte das Nest alljährlich aus dem Kasten entfernt werden. In der Regel reicht es aus, das Nest oder die Reste einer Vorratskammer und anhaftende Spinnfäden, Gespinste etc. zu beseitigen. Letztere sowie gelegentliche Verkrustungen muss man evtl. etwas abkratzen. Meist reicht ein Arbeits- oder Spülhandschuh, manchmal muss man auch einen kleinen Kratzer (Typ „Löwenzahnstecher“) oder ein Holzstäbchen zu Hilfe nehmen, um gut in die Fugen und Ecken zu gelangen.

Eine Reinigung mit Wasser oder gar chemischen Reinigungsmitteln ist nicht erforderlich und sollte unterbleiben.

Auf den Boden des leeren, sauberen Nistkastens etwas Streu aus Sägespänen ausbringen. Das isoliert zusätzlich und nimmt Feuchtigkeit auf. Außerdem sollte der Kasten auf Mängel vor allem hinsichtlich der Befestigung überprüft und diese ggf. behoben werden.

Ob eine Vogelbrut erfolgreich war, erkennen Sie am Vorhandensein von so genanntem Federstaub. Das ist eine graue, mehlartige Substanz, die sich am Boden des Kastens unter dem Nest sammelt. Federstaub entsteht, wenn beim Wachsen der Federn die Hornscheide, die die Federfahne umgeben hat, abfällt und zerbröselt. Wenn sich also Federstaub im Kasten befindet, kann man davon ausgehen, dass Jungvögel ausgeflogen sind, auch wenn vielleicht noch ein paar, in der Regel unbefruchtete Eier im Nest zu finden sind.

Wann reinigen?

Das Nest kann ab August, wenn die Brutzeit abgeschlossen ist, entfernt werden. Das geschieht am besten während der Wintermonate, wenn Frost herrscht und die Parasiten wenig oder gar nicht aktiv sind. Da oft auch andere Bewohner noch im Winter den Kasten nutzen (z. B. legen Mäuse Vorratslager an oder Sperlinge bauen Schlafnester) ist es noch besser, die Leerung zu Beginn des Frühjahrs durchzuführen. Je nach Witterung kann das bereits im Februar sein oder auch noch Anfang März.

Haussperlinge leiden zunehmend darunter, dass es in unseren Städten immer weniger Nischen und Löcher zum Brüten gibt.

Sicherheit ist alles

Damit Ihnen beim Umgang mit dem Nistkasten nichts passiert und der Kasten auch keine Gefahr für andere darstellt, achten Sie bitte auf folgende Punkte:

1 Vermeiden Sie scharfe Kanten, herausragende Nägel, damit sich weder Sie und andere Personen, noch die Vögel daran verletzen können.

2 Hängen Sie Ihren Kasten an soliden Strukturen auf, nicht an morsches Holz oder brüchige Zweige, und nicht gerade über einem viel begangenen Weg. Bei Sturm kann Ihr Kasten sonst ggf. zur Gefahr werden.

3 Achten Sie darauf, dass die Leiter einen guten Stand hat. Es ist sehr ratsam, dass eine zweite Person die Leiter unten sichert.

4 Tragen Sie beim Reinigen oder Aufhängen einen Helm, der Sie bei Stürzen von der Leiter oder vor abbrechenden Zweigen und Ästen schützt. Bei einer ungeschickten Bewegung kann womöglich der Kasten getroffen werden, sodass dieser oder einzelne Bauteile herabfallen. Dies ist vor allem dann der Fall, wenn die Aufhängung oder der Nagel beschädigt bzw. durchgerostet oder der ganze Kasten marode ist. Auch die sichernde, am Leiterfuß stehende Person sollte geschützt sein.

Ein Männchen sammelt Nistmaterial in einem Forsythienstrauch für sein voluminöses, wenig ordentliches Nest.

Hinweis

Wenn Sie den Kasten nicht am Boden, sondern direkt am Baum oder Aufhängungsort entleeren möchten, empfiehlt es sich, beim Öffnen und Leeren seitlich über dem Kasten auf der Leiter zu stehen (und nicht mit dem Gesicht direkt unter dem Häuschen). Es könnte Sie ein evtl. im Kasten sitzendes Tier anspringen oder das Gemisch aus Nestbestandteilen, Federstaub, Kot, Insekten, Spinnen und anderen Überresten könnte in Ihr Gesicht rieseln.

Futterstellen

Das Thema Vogelfütterung wird zur Zeit unter Experten heftig und kontrovers diskutiert. Die Meinungen reichen von „Bloß nicht, da schädlich" bis hin zu „Am besten das ganze Jahr und in großen Mengen". Da Füttern Spaß macht und Interesse an der heimischen Vogelwelt weckt, sollte man es sich nicht verbieten lassen.

Hygiene an Futterplätzen

1 Das Futter sollte möglichst nicht mit dem Kot der Vögel in Berührung kommen, damit keine Parasiten und Krankheiten übertragen werden können. Deshalb das Futter nicht einfach frei in ein Häuschen streuen, sodass die Vögel später mitten im Futter sitzen. Große Flächen mit ausgelegtem Futter unbedingt vermeiden. Ideal sind Futterglocken, Ringe, Meisenknödel und Häuschen mit Silo oder Futterspender. Geeignet sind auch Konstruktionen, bei denen die Vögel auf Sitzstangen um eine zentrale Futtersäule sitzen können, und wo es nur kleine Öffnungen zum Picken gibt.

2 Das Futter vor Nässe schützen, damit es nicht schimmelt oder für die Vögel ungenießbar wird.

3 Das Futter regelmäßig nachfüllen bzw. erneuern.

4 Falls am Futterplatz ein toter Vogel liegt, muss die Fütterung sofort eingestellt werden und das Futterhäuschen vollständig gereinigt werden.

5 Generell sollte die Reinigung alle ein bis zwei Wochen, bei Bedarf auch häufiger erfolgen. Eine kräftige Bürste und heißes Wasser sind dafür vollkommen ausreichend. Manche Futterstellen kann man einfach mit Papier auslegen, das regelmäßig entfernt wird. Eine ideale, wie oben beschriebene Futterstelle muss weniger intensiv gereinigt werden, da Kot und Nässe nicht mit dem Futter in Kontakt gelangen.

Was füttern?

Im Handel erhält man Futtermischungen mit Sonnenblumenkernen, Hanfsamen, Hirse, Haferflocken, gehackten Nüssen und Fettfutter, die in der Regel empfohlen werden können. Auch Erdnüsse (ungesalzen!) werden genommen. Zusätzlich kann man Beeren und geviertelte Äpfel anbieten. Seit einiger Zeit sind Produkte erhältlich, die getrocknete Insekten in einer Fettmasse enthalten. Bitte beim Futter auf die Qualität achten und Produkten aus ökologischem Landbau den Vorzug geben. Das Futter sollte nur heimische Samen enthalten. Lassen Sie sich im Zweifelsfall vom Personal beraten. Besonders Samen des Aufrechten Traubenkrauts (Ambrosia artemisiifolia, aus Nordamerika) sind eine Gefahr, da diese Pflanze heftige Allergien auslösen kann. Speisereste (z. B. Brotkrümel, Wurst, Butter, Kartoffeln etc.) und gesalzene Nahrungsmittel dürfen auf keinen Fall verfüttert werden.

Wo aufstellen?

Grundsätzlich kann man fast überall sein Futterhäuschen aufstellen oder aufhängen, auch auf Balkonen oder mitten in der Stadt. An einer Futterstelle im Grünen kann man mehr Vogelarten beobachten. Ein Baum oder Strauch als Zufluchtsstätte in der Nähe ist von Vorteil, sollte aber weit genug entfernt sein, damit keine Katzen an das Häuschen gelangen.

Ab wann füttern?

Inwieweit eine ganzjährige Fütterung tatsächlich notwendig ist, mag dahingestellt sein. Bei einem intakten und reich strukturierten, natürlichen Umfeld ist sie überflüssig. Schaden wird sie, wenn man sie richtig betreibt, allerdings nicht. In der Regel wird mit dem Füttern aber im Winter begonnen. Damit jedoch die Vögel in Notlagen, z. B. bei Frost oder geschlossener Schneedecke, bereits wissen, wo sie Futter holen können, sollte man sie schon im Herbst an die Futterstelle gewöhnen und kleine Mengen Futter auslegen. Bei entsprechenden Wetterlagen kann die Futtermenge dann kurzfristig erhöht bzw. angepasst werden.

Im Umfeld des Menschen können Vögel, wie hier die Blaumeise, erstaunlich zutraulich werden.

FUTTERPLÄTZE

An Futterplätzen kann man den ganzen Winter über beobachten, welche Vögel im Umkreis leben. So können Kinder und Jugendliche auf unterhaltsame Weise viele Vogelarten und deren Fressverhalten kennenlernen. Während Finken und Sperlinge Körnerfresser sind, bevorzugen beispielsweise Rotkehlchen, Meisen, Zaunkönige und Amseln Weichfutter.

Birkenhäuschen

→ schön natürlich

1 Die Bauteile wie angegeben zuschneiden und die Löcher bohren. Die Birkenplatten passend zuschneiden, die Löcher mit dem Cutter schneiden.

2 Die vier Sperrholzstreifen außen auf den Boden B nageln, diesen Rand oben und an der Seite mit den Birkenstreifen verkleiden.

MOTIVHÖHE
ca. 34 cm

MATERIAL
- Holzbrett in Natur, 18 mm stark, 200 mm x 240 mm (Dach A1)
- Holzbrett in Natur, 18 mm stark, 215 mm x 240 mm (Dach A2)
- Holzbrett in Natur, 18 mm stark, 200 mm x 200 mm (Boden B)
- Holzbrett in Natur, 18 mm stark, 2 x 302 mm x 135 mm (Front C und Rückseite D)
- Holzbrett in Natur, 18 mm stark, 49 mm x 67 mm (Klappe)
- Pappelsperrholz, 10 mm stark, 2 x 70 mm x 67 mm (Klappe)
- 4 Pappelsperrholzstreifen, 10 mm stark, 32 mm x 210 mm (Rand Boden)
- 2 Pappelsperrholzstreifen, 5 mm stark, 120 mm x 30 mm
- 4 Birkenplattenstreifen, 15 mm x 215 mm (Rand oben)
- 4 Birkenplattenstreifen, 30 mm x 220 mm (Rand Seite)
- 2 Birkenplatten, 302 mm x 133 mm (Front und Rückenteil)
- Birkenplatte, 49 mm x 67 mm (Klappe)
- Rundholzstab, ø 10 mm, 3 x 63 mm lang, 1 x 45 mm lang (Griff)
- Dachpappe, 460 mm x 260 mm
- Gitter fein, 500 mm x 250 mm
- 14 Spanplattenschrauben, ø 4 mm, 40 mm lang
- 6 Spanplattenschrauben, ø 4 mm, 20 mm lang (Scharniere)
- Scharnier, schmal verzinkt, 65 mm lang (pro Seite 15 mm breit)
- ca. 124 Tapezierstifte in Schwarz, ø 1,4 mm, 16 mm lang (Dachpappe, Birkenverkleidung)
- 16 Nägel, verzinkt, ø 1,5 mm, 18 mm lang (Klappe und Boden)
- 2 Ringschrauben, ø 5 mm, 30 mm lang
- 2 Vorreiber, verzinkt, 30 mm lang (Häkchen zum Schließen) (Klappe, Gitter seitlich)
- Forstnerbohrer oder Kreisschneider, ø 40 mm
- Lötgerät
- Holzbohrer, ø 2,5 mm, 10 mm
- Holzleim
- Seitenschneider

VORLAGENBOGEN B

3 Das Scharnier auf der Rückseite D unterhalb der Klappenöffnung anschrauben. Front C und Rückseite D mit Schrauben im Abstand von 10 cm auf dem Boden B befestigen und anschließend mit den Birkenplatten verkleiden.

4 Die Dachteile A1 und A2 aneinanderschrauben, auf das Häuschen setzen und mit Schrauben befestigen. Die zwei Pappelsperrholzstreifen auf einer Seite jeweils an Frontteil und Rückseite nageln. So kann der Gittereinsatz nicht verrutschen. Die entgegengesetzte Innenseite des Daches wird, um ein leichtes Herausnehmen zu ermöglichen, abgeschliffen.

5 Für den Gittereinsatz das Gitter zwischen zwei Bretter klemmen und vorsichtig nach unten biegen. Ab der entstandenen Kante 13 cm abmessen, wieder biegen, 10 cm abmessen und fortfahren bis ein Quader entstanden ist. Von unten mit dem Seitenschneider an den Ecken 2 cm einschneiden, die Ecke abzwicken, die Kanten nach innen biegen. An einigen Stellen löten, die Öffnung für die Klappe mit dem Seitenschneider herausschneiden.

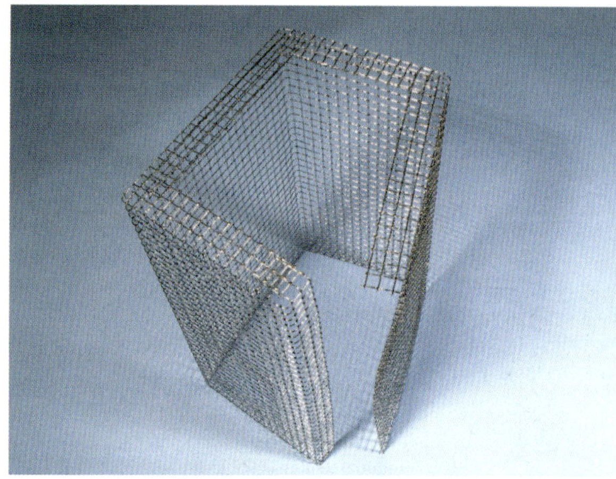

6 Die Klappe aus dem Vorder- und den zwei Seitenteilen zusammenbauen, das obere Teil des Scharniers auf der Vorderseite anschrauben und das Vorderteil mit der Birkenplatte verkleiden.

7 Den Griff in der Bohrung befestigen. Die Rundholzstäbe mit wenig Holzleim in die vorgesehenen Löchern leimen.

8 Die Dachpappe ans Dach nageln, die Vorreiber hineinschrauben. Das Drahtgehäuse in das Häuschen setzen.

Ornithologen-Tipp

Zur Reinigung des Häuschens kann der Gittereinsatz herausgenommen werden. Dafür die Klappe öffnen und das Gitter leicht schräg vorsichtig herausziehen.

Futterplätzchen

→ für den kleinen Hunger zwischendurch

MATERIAL
- glasierter Topfuntersetzer aus Terrakotta, ø 32 cm
- Topf
- flache Küchenschale
- Rührbesen oder Löffel
- 200 g Kokosfett
- Vogelfutter
- verschiedene Plätzchenformen zum Ausstechen

1 Das Kokosfett in einem Topf zum Schmelzen bringen und das Vogelfutter vorsichtig einrühren. Hierbei darauf achten, dass nicht zuviel Futter in das Fett gerührt wird.

2 Die Masse zum Auskühlen zirka 1,5 cm hoch in eine flache Schale gießen.

3 Wenn die Futtermischung vollständig erkaltet ist, die Plätzchen ausstechen und in der Terrakottaschale dekorieren.

Ornithologen-Tipp

Platzieren Sie die Schale in ausreichender Entfernung vom Boden, damit die Vögel nicht durch Katzen gefährdet werden. Die Schale sollte keinesfalls im Gras, auf dem Terrassenboden oder einem Tisch stehen, auch sollte kein Regen- oder Schmelzwasser hineingelangen. Ideal ist ein Holzpflock oder dünnerer Baumstamm von mindestens 1,50 Meter Höhe, auf dem eine Halteplatte für die Schale montiert ist.

Lustige Futterglocken

→ kinderleicht

MOTIVHÖHE
ca. 25 cm (Männchen mit Hut) und 35 cm (Maus)

MATERIAL
FUTTERGLOCKE MAUS
- Kokosnusshälfte
- gegabelter Ast, ø ca. 16 mm
- Holzrest, 18 mm stark, ca. 160 mm x 70 mm (Ohren)
- Holzkugel, ø 30 mm (ohne Bohrung)
- 3 Senkholzschraube, ø 3 mm, 15 mm lang (Edelstahl)
- Ringschraube, ø 10 mm, 40 mm lang
- Acrylfarbe in Karminrot, Weiß, Schwarz und Grau

FUTTERGLOCKE MÄNNCHEN MIT HUT
- Kokosnusshälfte
- gegabelter Ast, ø ca. 16 mm
- Holzrest, 18 mm stark, ca. 100 mm x 60 mm (Ohren)
- Holzrest, 18 mm stark, ca. 180 mm x 120 mm (Hut)
- Rundholzstab, ø 6 mm, 54 mm lang (Hut)
- Holzkugel, ø 20 mm (ohne Bohrung)
- 3 Senkkopfholzschrauben aus Edelstahl, ø 3 mm, 15 mm lang
- 2 Senkkopfholzschrauben aus Edelstahl, ø 3 mm, 25 mm lang (Ast und Hut)
- Ringschraube, ø 6 mm, 25 mm lang
- Acrylfarbe in Karminrot, Altrosa, Kobaltblau, Weiß und Schwarz

WERKZEUG
- Handsäge (Feinsäge)
- Holzbohrer, ø 2 mm, 3 mm und 5 mm
- Stichsäge mit Feinschnitt-Kurvenblatt (für kleine Radien)
- Lochsäge ø 40 mm und 60 mm (nur Männchen mit Hut)
- Holzleim (wasserfest)

VORLAGENBOGEN B

Maus

1 Die Umrisse der Ohren auf das Holz übertragen. Die Ohren zur Hälfte aussägen. Die Rückseite der Ohren erst mit der Holzraspel abrunden, danach mit der Feile etwas nacharbeiten, so wirkt die Form natürlicher. Fertig aussägen und die Teile schleifen.

2 Auf der Kokosnusshälfte mit Bleistift die Augen vorzeichnen, danach die Bohrpunkte für Ohren und Nase markieren. Mit dem 3-mm-Bohrer aufbohren.

3 Die Teile bemalen und diese nach dem Trocknen mit je einer Schraube von der Nussinnenseite aus anschrauben.

4 An der Oberseite der Kokosnusshälfte ein 5-mm-Loch bohren. Durch dieses den gegabelten Ast mittels der Ringschraube mit der Kokosnusshälfte verbinden. An der Ringschraube wird die Maus später aufgehängt.

5 Zum Schluss die Glocke mit einer Mischung aus Talg und Weichfutter füllen.

Männchen mit Hut

1 Wie bei der Maus vorgehen.

2 Für den Hut drei Holzscheiben mit Bohrmaschine und Lochsäge aus dem dafür vorgesehenen Holzrest aussägen. Falls keine Lochsäge vorhanden ist, können die Holzscheiben auch mit der Stich- oder Dekupiersäge ausgesägt werden.

3 Die Scheiben mit etwas Holzleim und dem 6 mm starken Rundholz zum Hut zusammensetzen und mit der Schraubzwinge zusammenpressen.

4 Das Loch an der Oberseite der Kokosnusshälfte im Durchmesser von 3 mm bohren. Den Ast mit einer Holzschraube (ø 3 mm, 25 mm lang) mit der Futterglocke verschrauben. Den Hut von der Innenseite aus anschrauben.

5 Der seitlich sitzende Hut bringt das Männchen aus dem Gleichgewicht. Damit es nicht schief hängt, den Haken zum Aufhängen etwas seitlich versetzt einschrauben (siehe Zeichnung) und notfalls mit der Zange ein wenig ausrichten.

FORTSETZUNG VON SEITE 48/49

MOTIVHÖHE
ca. 60 cm

MATERIAL FUTTERGLOCKE WURM

- Kokosnusshälfte
- etwas Naturbast für Bindearbeiten
- gerader Birkenast, ø ca. 16 mm, 160 mm lang
- 2 gerade Birkenäste, ø ca. 16 mm, 180 mm lang
- gerader Birkenast, ø ca. 30 mm, 320 mm lang
- Aludraht, ø 3 mm, 200 mm lang
- 2 Holzkugeln, ø 30 mm (ohne Bohrung)
- Holzkugel, ø 20 mm (ohne Bohrung)
- 3 Senkkopfholzschrauben aus Edelstahl, ø 3 mm, 20 mm lang
- Ringschraube, ø 10 mm, 40 mm lang (oben)
- Ringschraube, ø 6 mm, 30 mm lang (unten)
- 6 Schraubhaken, gebogen, ø 25 mm lang
- 2 Leistenstifte, ø 1,5 mm, 30 mm lang
- Acrylfarbe in Karminrot, Altrosa, Gelb, Weiß und Schwarz

WERKZEUG **SIEHE SEITE 48**

VORLAGENBOGEN B

Wurm

1 Den Aludraht zu Fühlern biegen. In der Drahtmitte die Öse biegen, welche später zur Befestigung der Fühler dient. Von dieser Öse aus den Draht beidseitig zu einem V biegen. Die beiden Drahtenden zur Öse biegen.

2 Augen, Nase und Fühler bemalen. Den Mund vorzeichnen und ausmalen.

3 Nach dem Trocknen der Farbe gemäß Skizze auf dem Vorlagenbogen Bohrungen (ø 3 mm) für Augen und Nase vornehmen. Augen und Nase anschrauben.

4 An der Oberseite der Kokosnusshälfte ein Loch mit ø 5 mm bohren, durch dieses den geraden Ast, die Kokosnusshälfte und die Fühler mit der Ringschraube verschrauben. An der Ringschraube wird der Wurm später aufgehängt.

5 Am unteren Ende des Astes noch einen Schraubhaken für den Wurmkörper eindrehen.

6 Den Wurmkörper aus drei Birkenästen nach Vorlage zusammensetzen.

7 Den dicken Mittelast an den Stellen, wo die kleinen Äste sitzen sollen, mit der Handsäge leicht einkerben. In jede Kerbe einen der kleinen Äste legen und annageln. Vor dem Annageln die Schraubhaken in die Äste schrauben. Beide Äste über Kreuz mit Bast umwickeln und verknoten.

Ornithologen-Tipp

Sie können die Futterglocken mit der gleichen Masse füllen aus der die Futterplätzchen auf Seite 47 oder 54 gemacht werden. Auch bei Maus und Männchen lassen sich an den Enden der Astgabeln Schraubhaken befestigen und ein Nusssack oder Meisenknödel anhängen.

Balkonkette

→ dekorativ

MOTIVHÖHE
Häuschen ca. 15 cm
Vogel/Herz ca. 11 cm

MATERIAL
- Rupfen in Dunkelgrün, 1 m lang
- Gestrüpp, z. B. Muehlenbeckia
- Meisenknödel
- Apfel
- Säckchen mit Nüssen
- 25 Erdnüsse
- Lackdraht in Grün, ø 0,65 mm
- Bast in Natur
- Pappelsperrholz, 10 mm stark, 200 mm x 290 mm
- Holzlasur in Cognac
- Acrylfarbe in Dunkelrot, Braun und Schwarz
- Holzbohrer, ø 1 mm

VORLAGE SEITE 80

1 Aus dem Pappelsperrholz den Vogel, das Häuschen und das Herz aussägen, die Bohrungen anbringen und wie abgebildet beidseitig anmalen.

2 Das Gestrüpp mit Draht am Rupfenband befestigen. Mehrere, ca. 2 m lange Bastschnüre zusammenfassen und mit einigen durchbohrten Erdnüssen an dem Gestrüpp andrahten. Die restlichen Erdnüsse auf zwei ca. 40 cm lange Drahtstücke fädeln und zusammen mit den restlichen Materialien an das Rupfenband und Gestrüpp andrahten. Wichtig dabei ist, dass die Endstücke des Drahtes immer nach innen gedreht werden, damit sich die Vögel nicht verletzen können.

3 An beiden Enden der Kette jeweils eine Schleife aus Bast anbinden und die Endstücke verknoten. Die so entstandenen Schlaufen zum Aufhängen verwenden.

Futterkranz

→ mit Vogelplätzchen

MOTIVHÖHE
ca. 30 cm (ohne Aufhängung)

MATERIAL
- Rebenkranz, ø 30 cm
- Rupfen in Rot, 1 m lang
- Erdnüsse
- Apfel
- einige Muehlenbeckiazweige
- 5 schmale Holzherzen in Rot, ca. 6 cm lang
- Lackdraht in Braun, ø 0,35 mm
- Kokosfett, 125 g
- Vogelfutter (feinkörnig), 100 g
- Plätzchenformen
- Holzbohrer, ø 0,5 mm

1 Das Kokosfett erhitzen, bis es flüssig geworden ist. Die Körner zugeben und erkalten lassen, bis die Masse dicklich und weiß wird. Die Futterplätzchenmasse braucht recht lang um abzukühlen. Ist sie jedoch kalt, wird sie schnell hart. Deshalb immer wieder einen Blick darauf werfen, um den richtigen Zeitpunkt nicht zu verpassen. Die Masse reicht für ca. acht Plätzchen mit Durchmessern von 3 cm bis 4 cm.

2 Die Masse portionsweise in die Plätzchenformen drücken. Die Futterplätzchen nach einigen Minuten vorsichtig herausnehmen.

3 Die Nüsse abwechselnd auf ein langes Drahtstück auffädeln.

4 Die entstandene Kette an den Kranz andrahten. Die Endstücke jeweils nach innen stecken, damit sich Vögel daran nicht verletzen können.

5 Die Tannenzapfen und Futterplätzchen mit etwas Draht am Kranz befestigen.

6 Den Apfel in die Mitte hängen, den Rupfen als Aufhängung anbringen und zu einer Schleife verknoten. Die Holzherzen durchbohren und andrahten. Muehlenbeckia an die Schleife andrahten.

Variations-Tipp

Sie können auch Herzen, Vögel und Häuschen nach der Anleitung der Balkonkette fertigen und an den Kranz hängen. Dafür einfach die entsprechenden Vorlagen nach Wunsch verkleinern.

Futterhäuschen

→ für Meisenknödel

MOTIVHÖHE
Häuschen ca. 23 cm
Vogel ca. 7 cm

MATERIAL
- Holzbrett in Natur, 18 mm stark, 200 mm x 200 mm
- Holzleisten, 20 mm stark, 180 mm x 40 mm und 170 mm x 40 mm (Dach)
- Pappelsperrholz, 10 mm stark, 90 mm x 60 mm (Vogel)
- Holzlasuren in Bernstein und Cherry
- Acrylfarbe in Gelb (Schnabel)
- Draht, geglüht, ø 0,65 mm
- Holzperlen in Terrakotta und Gelb
- Kordel in Orange, 1 m lang
- Band in Orange, 6 mm breit, 35 cm lang
- 6 Nägel verzinkt, ø 1,5 mm, 18 mm lang
- Ringschraube, 20 mm lang

VORLAGENBOGEN B

1 Das Häuschen aus dem Holzbrett, das Dach aus den Leisten und den Vogel aus dem Pappelsperrholz sägen und die Löcher bohren. Das Dach mit Nägeln befestigen und alles wie abgebildet anmalen.

2 Die Ringschraube in das Loch des Häuschens hineindrehen.

3 Eine Holzperle auf ein Stück Draht (15 cm lang) auffädeln, durch das Bohrloch des Vogels stecken, die zweite Perle auffädeln und die Enden locken.

4 40 cm Draht um einen großen Pinselstiel drehen und mit diesem Stück Häuschen und Vogel verbinden.

5 Am Häuschen 80 cm Kordel zum Aufhängen befestigen. Das Band sowie die restlichen 20 cm Kordel an den Draht binden.

6 Den Meisenknödel mit Draht anbringen.

Ornithologen-Tipp

Sie können statt eines Meisenknödels auch ein Kokosfett-Plätzchen nach dem Rezept von Seite 47 herstellen und befestigen.

Buntes Futterhaus

→ mit Apfelturm

MOTIVHÖHE
ca. 47 cm

MATERIAL
- 2 Stück Leimholz (Fichte), 18 mm stark, 250 mm x 180 mm (Teil A, aus dem Rest: 2 x Teil B/3, 2 x Teil E)
- Leimholz (Fichte), 18 mm stark, 200 mm x 140 mm (Teil B/1)
- 2 Stück Leimholz (Fichte), 18 mm stark, 200 mm x 40 mm (Teil B/2)
- Kantholz (Fichte), 60 mm stark, 250 mm x 120 mm (Teil D)
- 2 Stück Acrylglas in Klar, 3 mm stark, 200 mm x 130 mm (Teil C/1)
- 4 Leistenstücke (Fichte), 80 mm x 30 mm, 4 mm stark (Teil F)
- Rundholzstab, ø 10 mm, 200 mm lang (Teil I)
- 2 Leisten (Fichte), 10 mm x 10 mm, 280 mm lang (Teil J)
- 2 Leisten (Fichte), 15 mm x 15 mm, 240 mm lang (Teil K)
- 4 Leisten (Fichte), 15 mm x 15 mm, 110 mm lang (Teil C/2)
- Sperrholz, wasserfest verleimt:
  4 mm stark, 200 mm x 70 mm (Teil B 4/1)
  4 mm stark, 200 mm x 74 mm (Teil B 4/2)
  8 mm stark, 330 mm x 170 mm (Teil G/1)
  8 mm stark, 330 mm x 178 mm (Teil G/2)
  8 mm stark, 130 mm x 120 mm (Teil H/1)
  8 mm stark, 130 mm x 128 mm (Teil H/2)
- Bitumen-Schweißbahn (beschiefert), 265 mm x 140 mm (Turmdach)
- Bitumen-Schweißbahn (beschiefert), 365 mm x 340 mm (Hausdach)
- 2 Holzkugeln, ø 15 mm
- 2 Stockschrauben, ø 4 mm, 40 mm lang
- 2 Einschlagmuttern, M4
- 8 Senkkopfschrauben, ø 3 mm, 15 mm lang (Teil C/1)
- 12 Senkkopfschrauben, ø 3 mm, 20 mm lang (für die Dächer)
- 4 Senkkopfschrauben, ø 3,5 mm, 30 mm lang (für Turm und Futterrutsche)
- 12 Senkkopfschrauben, ø 3 mm, 25 mm lang (Teil J und Teil C/2)
- Leistenstifte, ø 1,5 mm, 45 mm lang (Haus-Montage)
- Leistenstifte, ø 1,5 mm, 16 mm lang (Futterrutsche/Fensterläden)
- Schaschlikspieß aus Edelstahl
- Sektkorken
- Holzleim, wasserfest
- Holzlasuren in Sonnengelb, Pistazie, Ultramarin, Weiß, Magenta und Maron
- Acrylmattfarbe in Kobaltblau und Hellblau (Fenster)

HALTERUNG (BEFESTIGUNGSSTANGE)
- Kantholz (Nadelholz) 50 mm x 50 mm, mind. 1,3 m lang
- Kantholz (Nadelholz), 35 mm stark, 200 mm x 50 mm
- Rundholzstab, ø 10 mm, 70 mm lang
- 2 Senkkopfschrauben, ø 5 mm, 80 mm lang
- 2 Senkkopfschrauben, ø 5 mm, 55 mm lang

WERKZEUG
- Winkelmesser
- Holzbohrer, ø 3 mm, 4 mm, 5 mm, 5,5 mm, 10 mm und Senker (90°)
- Lochsäge, ø 94 mm (wenn vorhanden) oder Stichsäge
- Heißluftpistole oder Lötlampe (Gas/Benzin)

VORLAGENBOGEN B

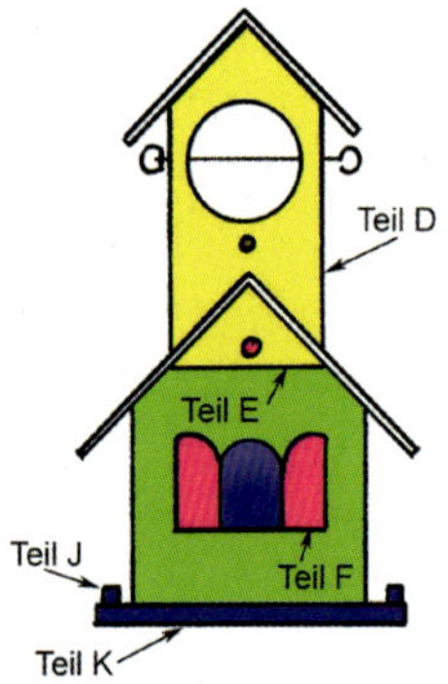

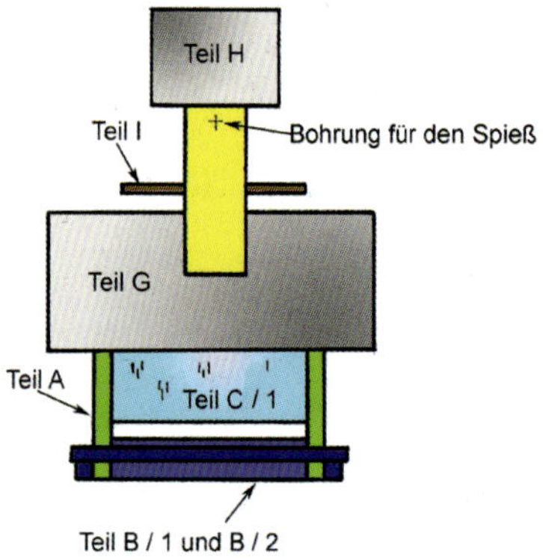

1 Nach Vorlagen und Materialliste alle Leisten, Rundhölzer und Kanthölzer auf die richtige Länge sägen. Leimholz, Sperrholzteile und das Acrylglas auf Außenmaße sägen.

2 Bei den Seitenteilen (Teil A) die Dachschrägen (45°) symmetrisch anreißen und sägen. Dabei fallen vier gleichschenklige Dreiecke an: zweimal Teil B/3 und zweimal Teil E. Die Teile E haben bereits ihr Endmaß. Bei den Teilen B/3 das Schenkelmaß der Dreiecke auf 70 mm absägen.

3 Die Dreiecke (Teil E) mittig 15 mm von der Unterkante entfernt mit einer Bohrung von 5,5 mm Durchmesser versehen und mit dem Senker ansenken. Diese Bohrung ist in der Zeichnung als Kreuz eingezeichnet.

4 Aus dem Kantholz (Teil D) den Turm fertigen. Die Dachschrägen symmetrisch anreißen und mit der Stichsäge ab- bzw. aussägen. Der Mittelpunkt für das Apfelloch befindet sich 130 mm oberhalb der Turmunterkante.

5 Das Aussägen des Loches, egal ob mit Lochsäge oder Stichsäge, ist beim Futterturm (Seite 64) beschrieben. Für die Sitzstange ein 10 mm Durchgangsloch ca. 20 mm unter der Unterkante des Apfelloches bohren. Die Fensterläden (Teil F) an einer Ecke abrunden oder schräg absägen. Wichtig ist, dass alle vier Fensterläden die gleiche Form bekommen. Zum Abrunden der Ecken eine Holzraspel oder eine Dekupiersäge verwenden. Alle gefertigten Teile sauber verschleifen.

6 Die Teile nach Abbildung oder nach eigenen Farbwünschen lasieren. Teil B/1 nur von der späteren Unterseite streichen. Die Teile der Futterrutsche B/3 und B/4 nicht streichen. Die Fenster mittig 70 mm über der Seitenunterkante mit der Acrylfarbe aufmalen. Neben den Fenstern werden die Fensterläden (Teil F) aufgenagelt.

7 Die Schablone zum Anbringen der Leisten (Teil C/2) genau an den Dachschrägen der Innenseite von Teil A anlegen und die Leisten anschrauben. Die Leisten (Teil C/2) so anschrauben, dass sie mit den Dachschrägen abschließen.

8 An den Boden (Teil B/1) rechts und links je eine Leiste (Teil B/2) bündig mit den Außenkanten und der Bodenunterkante annageln. An den fertigen Boden das Seitenteil (Teil A) und auf dieses die Leiste (Teil K) nageln. Beide Teile mit der Unterkante bündig und seitlich jeweils gleichmäßig ausrichten und befestigen.

9 Aus den Teilen B/3, B4/1 und B4/2 wird die Futterrutsche mit Leistenstiften zusammengesetzt. Die fertige Rutsche mittig auf den Boden setzen und von unten verschrauben. Den Boden vor dem Anschrauben der Rutsche vorbohren und auf Schraubenkopfgröße ansenken.

10 Das zweite Seitenteil (Teil A) mit dem Bodenteil verstiften. Die Nägel schräg zueinander versetzt einschlagen. Die Leiste (Teil K) wie oben beschrieben annageln.

11 Die Acrylglasscheiben (Teil C/1) auf die Leisten (Teil C/2) auflegen, sodass sie mit den Dachschrägen bündig abschließen und die Bohrpunkte mit einem wasserfesten Stift markieren. Dann bohren, ansenken und die fertigen Scheiben an die Leisten (Teil C/2) schrauben.

12 Die Leistenteile K und J von der Unterseite verschrauben. Auch hier vorbohren und auf Schraubenkopfgröße ansenken. Die Leistenteile J sind die Sitzleisten vor der Futterrinne des Futterspenders.

13 Die Dächer montieren. Beim Hausdach darauf achten, dass das Maß zwischen den beiden Dreiecken 3 mm größer als das Hausaußenmaß sein muss, um später ein leichtes Öffnen zu ermöglichen. Da es beim Herstellen der Hausbauteile zu Maßabweichungen kommen kann, das Hausaußenmaß abmessen. Beim Anschrauben des Turmdachs mit Teil H/1 und beim Hausdach mit Teil G/1 beginnen. Die Schweißbahn auf beide Dächer kleben (siehe Anleitung Fachwerkhaus Seite 13).

14 Die Sitzstange (Teil I) in den Turm einsetzen und durch einen schräg eingeschlagenen Leistenstift befestigen (siehe Bodenbefestigung Futterturm Seite 64). Den zum Turm gehörenden Spieß kürzen und später mit dem Sektkorken sichern, damit sich kein Vogel daran verletzt. Den Turm von der Unterseite mit dem Hausdach verschrauben.

15 Das fertige Dach auf das Haus setzen. Durch die Bohrung der Dreiecke (Teil E) die Seitenteile des Hauses mit einem 5,5-mm-Bohrer aufbohren. Das Dach wieder abnehmen.

16 An beiden Seitenteilen an die Bohrungen je eine Einschlagmutter ansetzen und diese mit einer Schraubzwinge bis zum Anschlag in das Holz drücken. Vor dem Ansetzen der Zwinge die Plastikkappe abnehmen, um diese nicht zu beschädigen.

17 Die Befestigungsschrauben für das Dach fertigen. Die Schraube aus einer Holzkugel (ø 15 mm) und einer Stockschraube (ø 4 mm, 40 mm lang) herstellen. Eine Stockschraube hat einseitig ein metrisches Gewinde und auf der anderen Seite ein Holzschraubengewinde. Dieses in die Kugel einschrauben und fertig ist die M4-Kugelkopfschraube.

Werken-Tipp

Am Boden des Hauses können zusätzlich noch Schraubhaken eingedreht werden. Hier kann man Nussstangen, Nusssäcke, Meisenknödel oder Futterglocken anhängen. Diese machen das Futterangebot des Hauses noch reichhaltiger und locken mehr Vögel an.

18 Das Dach wird mit den beiden Kugelkopfschrauben am Haus befestigt. Gut zu sehen ist auch die Senkung der Bohrung. In ihr sitzt der Kugelkopf nach dem Eindrehen der Schraube. Die Schrauben nur ganz leicht anziehen. Über das abnehmbare Dach lässt sich der Futterspender befüllen und reinigen.

19 Die Befestigungsstange zusammenbauen. Mittels Dübel (10 mm x 70 mm) und zwei Senkkopfschrauben (5 mm x 80 mm) die beiden Bauteile verbinden. Die Unterseite des Oberteils an beiden Enden leicht abschrägen. An dieser und der Oberseite der Befestigungsstange jeweils den Mittelpunkt bestimmen und auf einen Durchmesser von 10 mm bohren. Das Oberteil durchbohren und die Befestigungsstange auf eine Tiefe von 40 mm aufbohren. Den Dübel mit Holzleim einsetzen und die vorgebohrten Teile verschrauben.

20 Die Halterung mit zwei Senkkopfschrauben (ø 5 mm, 55 mm lang) an der Unterseite des Hauses anschrauben. Als Bodenaufnahme eignet sich z. B. das Aufnahmeloch für Wäschespinnen oder ein Sonnenschirmständer.

Futterturm

→ mit Vögeln

MOTIVHÖHE
ca. 80 cm

MATERIAL
- Kantholz, Hobelware (Nadelholz), 60 mm stark, 750 mm x 140 mm (Teil A)
- 2 Bretter (Nadelholz), 20 mm stark, 140 mm x 100 mm (Teil B)
- 2 Leisten (Nadelholz), 20 mm x 20 mm, 140 mm lang (Teil C)
- 2 Rundholzstäbe aus Buche, ø 8 mm, 190 mm lang (Teil D)
- Rundholzstab aus Buche, ø 12 mm, 180 mm lang (Teil E)
- Rundholzstab aus Buche, ø 12 mm, 320 mm lang (Teil F)
- Sperrholz, wasserfest verleimt, 8 mm stark, 300 mm x 140 mm (Teil G)
- Bitumen-Schweißbahn (beschiefert), 320 mm x 150 mm (Dach)
- 5 Schraubhaken, gebogen, 25 mm lang
- Schaschlikspieß aus Edelstahl
- Sektkorken
- 2 Senkkopfholzschrauben, ø 3,5 mm, 40 mm lang (Dach)
- Leistenstifte, ø 1,5 mm, 16 mm lang
- Leistenstifte, ø 1,5 mm, 45 mm lang
- Holzlasuren in Sonnengelb, Tannengrün und Maron
- Brett aus Nadelholz, 20 mm stark, 250 mm x 100 mm (Vogelkörper)
- Leiste aus Nadelholz, 5 mm stark, 250 mm x 50 mm (Flügel)
- 2 Holzdübel, ø 6 mm, 25 mm lang
- Acrylmattfarbe in Weiß, Schwarz, Kobaltblau, Himmelblau, Gelb, Ocker, Dunkelbraun, Rot, Orange und Grau

HALTERUNG (BEFESTIGUNGSSTANGE)
- Kantholz (Nadelholz), 40 mm x 40 mm, mind. 2,5 m lang
- 2 Winkelverbinder, verzinkt, 40 mm x 40 mm
- Holzdübel oder Rundholzstab, ø 12 mm, 80 mm lang
- 2 Senkkopfschrauben, ø 6 mm, 100 mm lang
- 4 Rundkopfschrauben, ø 4 mm, 35 mm lang
- etwas Holzleim

WERKZEUG
- ggf. Zirkel
- Holzbohrer, ø 4 mm, 5 mm, 6 mm, 8 mm und 12 mm, Senker (90°)
- ggf. Lochsäge, ø 94 mm, Schnitttiefe mind. 30 mm
- Halbrundfeile
- Heißluftpistole oder Lötlampe (Gas oder Benzin)

VORLAGENBOGEN B

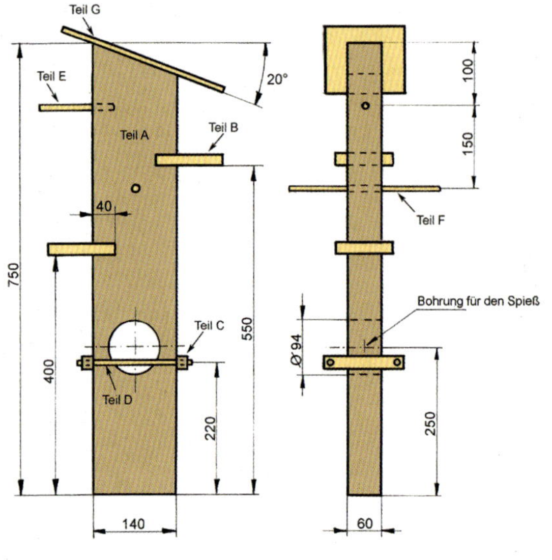

1 Alle Leisten, Rundholzstäbe und Kanthölzer auf Länge zusägen. Bretter und Sperrholz auf die Außenmaße zusägen. Auf dem Kantholz (Teil A) nach Vorlage die Bohrmittelpunkte für die Sitzstangen und den Spieß sowie das große Loch für den Apfel anreißen. Alle Bohrungen befinden sich auf der Mittelachse der jeweiligen Werkstückseite. Die Höhe der einzelnen Bohrpunkte der Zeichnung entnehmen.

2 Die Maße auf das Werkstück übertragen und mit dem Bleistift markieren.

3 Wer keine Lochsäge besitzt, muss den Durchmesser für das Apfelloch mit dem Zirkel anreißen. Danach den Sitz der Böden anreißen. Um später bei der Montage einen festen Sitz des Bodens zu erzielen, die genaue Bodenstärke am besten an Teil B messen und das Maß auf das Kantholz Teil A übertragen.

4 Den Winkel für die Dachschräge (20°) mit dem Winkelmesser bestimmen und anreißen.

5 Nun auf den beiden Leisten (Teil C) die Bohrmittelpunkte markieren und mit einem 8-mm-Bohrer aufbohren.

6 An Teil A die beiden Schlitze, in die später die Böden montiert werden, mit der Stichsäge einsägen. Genaues Arbeiten ist hierbei sehr wichtig. Um eine bessere Schnittqualität zu erreichen, den Pendelhub der Stichsäge ausschalten oder auf die kleinste Stufe stellen. Die zuvor angerissene Dachschräge sägen.

7 Teil A bohren, zuerst die Bohrungen der Sitzstangen, ø 12 mm, für Teil E etwa 40 mm Bohrtiefe und für Teil F als Durchgangsbohrung. Mit einem 6-mm-Bohrer die Führungsbohrung für die Lochsäge als Durchgangsbohrung arbeiten. Diese Bohrung ist erforderlich, da die Lochsäge nur eine Schnitttiefe in der halben Materialstärke besitzt und somit von zwei Seiten gesägt werden muss. Der Zentrierbohrer der Lochsäge wird in der Führungsbohrung geführt und kann so beidseitig genau in der Bohrung angesetzt werden. So treffen sich beide Sägeschnitte der Lochsäge in der Mitte des Werkstücks.

8 Wer keine Lochsäge besitzt, kann das Loch mit der Stichsäge aussägen. Dazu eine Durchgangsbohrung mit einem Durchmesser von 12 mm innerhalb des zuvor angerissenen Kreises bohren. Dort die Stichsäge ansetzen und den kreisrunden Durchbruch aussägen. Dafür ein Kurvensägeblatt mit einer der Materialstärke entsprechenden Schnittlänge verwenden.

9 Mit einem 5-mm-Bohrer das Loch für den Spieß bohren. Einen Schaschlikspieß verwenden, der zuvor etwas gekürzt wird. Damit sich an der Spitze kein Vogel verletzen kann, einen Sektkorken daraufstecken.

10 Alle Teile schleifen und die Kanten leicht gerundet mit der Rundfeile brechen. Die Teile nach Abbildung mit der Lasur streichen. Alle Anstriche nach dem ersten Trocknen wiederholen.

11 Die Bitumen-Schweißbahn mit dem Cutter zuschneiden (siehe Nistkasten Fachwerkhaus Seite 13).

12 Die Vögel mit einer Dekupiersäge oder einer Stichsäge mit einem Kurvensägeblatt (Feinschnitt für enge Radien) aussägen. Für die Augen ein Loch von 6 mm Durchmesser bohren und beidseitig leicht ansenken. Als Augen dienen später Holzdübel, welche in die Bohrungen geleimt werden.

13 Bei der fertig bemalten Blaumeise ist gut zu erkennen, dass die Kanten mit der Feile etwas abgerundet wurden. Alle Teile schleifen und die Vögel bemalen. Nach dem Trocknen der Farbe die Flügel mit kurzen Leistenstiften am Körper fixieren.

14 Die Böden in die dafür gesägten Schlitze stecken, seitlich gleichmäßig ausrichten und mit einem schräg angesetzten Leistenstift (ø 1,5 mm, 45 mm lang) verstiften.

Werken-Tipp

Verwenden Sie als Hilfsmittel beim Bemalen der Vögel einen Brettrest mit Holzschrauben. Darauf die Teile von Hand leicht aufschrauben. So kann man alles gut bemalen und die Farbe kann von allen Seiten trocknen.

15 Die Vögel anschrauben. Jeden Boden vorher bohren (ø 4 mm) und das Loch kurz ansenken, sodass der Schraubenkopf nach dem Eindrehen der Schraube bündig mit der Bodenfläche abschließt.

16 Die Teile C und D zusammenfügen und an den Turm montieren. Die beiden Rundholzstäbe (Teil D) in die Bohrungen der Leiste (Teil C) stecken und mit Teil C verstiften. So wird ein späteres Verrutschen der Stangen verhindert. Die so entstandene Baugruppe am Turm ansetzen, ausrichten und annageln. Danach das zweite Teil C auf der gegenüberliegenden Seite auf die Rundholzstäbe schieben und mit dem Turm verstiften.

17 Die Sitzstangen (Teile E und F) montieren und wie die Böden verstiften. Danach die Futterhaken eindrehen.

18 Das Dach montieren, ausrichten und mit zwei Schrauben anschrauben. Auch hier ist Vorbohren und Senken zu empfehlen.

19 Die Folie auf der Schweißbahninnenseite abziehen, da sie beim Erhitzen der Schweißbahn mit der Heißluftpistole nicht völlig verbrennt wie bei richtigen Dacharbeiten. Das verhindert das Entstehen von giftigen Dämpfen beim Verbrennen.

20 Die Schweißbahn mit der Heißluftpistole vollflächig erhitzen. Dabei Arbeitshandschuhe tragen, da der Kontakt mit heißem Bitumen auf der Haut zu Verbrennungen führen kann.

21 Das Turmdach auf die erhitzte Schweißbahn aufsetzen, hierbei sehr genau arbeiten, da eine Korrektur hinterher nicht mehr möglich ist.

22 Die Befestigungsstange über die Winkel an dem Turm befestigen. Der Dübel hilft beim leichteren Ansetzen des Turms und erspart das Ausrichten. Dazu an der Turmunterseite und der Oberseite der Befestigungsstange jeweils den Mittelpunkt bestimmen und auf den Durchmesser von 12 mm und eine Tiefe von etwa 45 mm aufbohren. Den Dübel danach mit etwas Holzleim in die Bohrung der Befestigungsstange einsetzen. Die fertige Stange mit dem Turm verschrauben (Senkkopfschrauben, ø 6 mm, 100 mm lang).

Werken-Tipp

Die Farben Himmelblau, Ocker, Orange und Grau können Sie auch selbst mischen. Für Himmelblau in viel Weiß etwas Blau geben, für Ocker in viel Gelb etwas Braun mischen. Für Orange in viel Gelb etwas Rot tupfen, für den Grauton in viel Weiß etwas Schwarz mischen.

Spar-Tipp

Viele Baumärkte haben im Bereich Zuschnitt auch eine Resteecke, wo kleine Reststücke günstig zu haben sind.

Futterkugeln

→ dekorativ und nahrhaft

MOTIVGRÖSSE
ø ca. 8 cm und 11 cm

MATERIAL

- Rebenkugeln in Natur, 2 x ø 10 cm, 1 x ø 7 cm
- 3 Gewindestangen, ø 5 mm, 50 cm, 38 cm und 33 cm lang
- 6 Muttern, ø 5 mm
- Draht in Braun, ø 0,35 mm
- Bast in Natur
- Erdnüsse, geschält und ungeschält
- Kokosfett, 50 g
- gemischte Körner (Vogelfutter), 50 g
- Holzbohrer, ø 0,5 mm
- Metallsäge

1 Die Gewindestangen jeweils durch die Kugeln stecken, sodass oben ein Stück übersteht. Eine Mutter oben befestigen, die Stange wieder ein Stück nach unten ziehen, damit man die Mutter nicht mehr sieht. Auch unten eine Mutter anbringen.

2 Die Nüsse durchbohren und auf ein ca. 1,4 m langes Drahtstück auffädeln. Ein Drahtende auf der Unterseite der Kugel fixieren, dann den Draht durch einige Reben fädeln, sodass die Nüsse auf der Kugel liegen. Erneut mehrere Nüsse auffädeln, den Draht wieder durch die Rebenkugel ziehen und auf diese Weise die beiden Kugeln wie abgebildet mit „Erdnuss-Strängen" dekorieren. Das Fett erhitzen, die Körner hineingeben und erkalten lassen. Sobald die Masse dick wird, die kleine Rebenkugel hineintauchen. Falls nötig, die Körner mit der Hand etwas andrücken. Die Stecker mit einer Schleife aus Bast dekorieren.

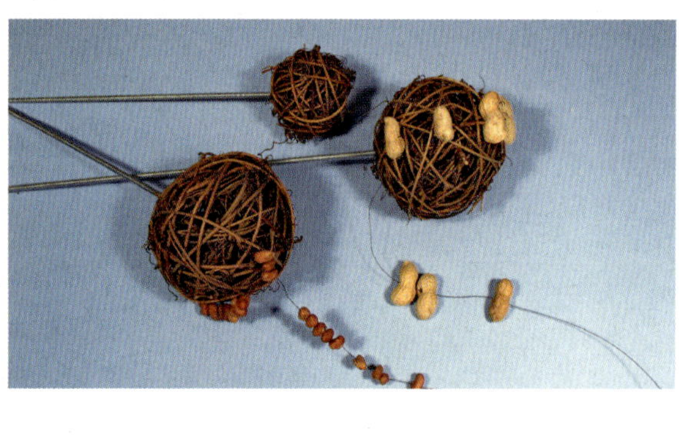

Eichhörnchen

→ zum Befestigen an Hauswand und Baumstamm

MOTIVHÖHE
ca. 20 cm

MATERIAL
- Brett, 18 mm stark, 200 mm x 550 mm
- Holzlasuren in Maron, Bernstein und Pistazie
- Bindedraht, ø 0,65 mm
- Schraubhaken, gebogen, ø 1,8 mm, 13 mm lang
- 4 Senkkopfholzschrauben, ø 3,5 mm, 35 mm lang
- 2 Schrauben zum Festschrauben (je nach Untergrund)
- dünner, wasserfester Stift in Schwarz
- Erdnusssäckchen
- Erdnüsse
- evtl. Paketschnur, ø 1,7 mm
- Holzbohrer, ø 1,5 mm, 2 mm, 4 mm und 4,5 mm
- dicke Nähnadel

VORLAGEN SEITEN 92-93

1 Mithilfe von Schablonen die Tanne, das Eichhörnchen und die Bodenfläche aussägen.

2 Alle Teile versäubern, die Löcher bohren.

3 Alles wie abgebildet anmalen. Die Innenlinien ergänzen.

4 Die Bodenfläche an der Tanne festschrauben.

5 Beim Eichhörnchen die Barthaare aus Draht anbringen und den Schraubhaken für das Futter einschrauben. Das fertige Eichhörnchen in der vorgesehenen Position anschrauben.

6 Die Tanne mit zwei Schrauben an dem vorgesehenen Platz festschrauben.

7 Mit einer Nadel einige Erdnüsse auf ein Stück Paketschnur fädeln und unter den Erdnussbeutel hängen.

Werken-Tipp

Damit die Farben des Eichhörnchens draußen nicht zu stark verblassen, können Sie es nach dem Bemalen mit Holzwachs behandeln. Hängen Sie die Futterhalterung am besten unter einem Dachüberstand auf, um das Futter und Holz vor Nässe zu schützen.

Schafstall

→ mit Futtersilo

MOTIVHÖHE
ca. 33 cm

MATERIAL
- Brett, 18 mm stark, 200 mm x 2 m
- Leimholz in Fichte, 18 mm stark, 400 mm x 1 m
- Holzlasuren in Bernstein, Pistazie, Maron und Tannengrün
- 2 Rundholzstäbe, ø 8 mm, 300 mm lang
- Teerpappe, besandet, 340 mm x 700 mm, 250 mm x 460 mm
- ca. 64 Holzschrauben (nach Bedarf), ø 3,5 mm, 35 mm lang
- Acrylglas in Klar, 2 mm stark, 240 mm x 220 mm
- Heidekrautmatte, 1 m x 420 mm
- ca. 16 Drahtkrampen, verzinkt, ø 16 mm, 16 mm lang
- Schraubhaken, gebogen, ø 1,8 mm, 13 mm lang
- Holzbohrer, ø 2 mm, 4 mm und 8 mm

VORLAGEN SEITEN 86-90

1 Die Bodenplatte und beide Schafstalldachteile aus dem Leimholz, alle anderen Holzteile aus dem Brett aussägen. Die beiden Schafstalldachteile laut Maßangabe (Gehrungsschnitt siehe Dachkanten, Aussparung Silo) im Detail zuschneiden. Die Teile versäubern und die Bohrungen ausführen. Das Acrylglas laut Vorlage mit der Dekupiersäge zusägen.

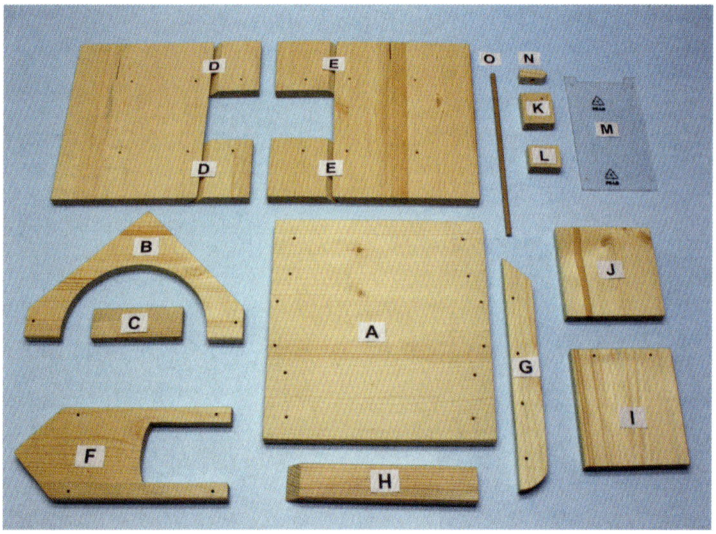

A = Bodenplatte
B = Vorder- und Rückwand 2 x
C = Seitenwand 2 x
D = Dach links (von vorne gesehen)
E = Dach rechts (von vorne gesehen)
F = Vorder- und Rückwand Silo 2 x
G = Dachkante Stall 4 x
H = Seitenteil Silo 2 x
I = Silodach rechts
J = Silodach links
K = Führungsklotz Silodach rechts
L = Führungsklotz Silodach links
M = Scheibe (Acrylglas) 2 x
N = Zaunpfähle 4 x
O = Zaunstange aus Rundholz 2 x

2 Alle Holzteile wie abgebildet anmalen, jedoch die Dachflächen des Stalles und des Silos sowie die Innenflächen des Silos natur belassen.

3 Das Gerüst des Schafstalles erstellen.

4 Dazu die Vorder- und Rückwand und die Seitenteile auf die Bodenplatte schrauben. Die Zaunpfähle auf das Rundholzstück schieben, evtl. mit Schleifpapier etwas nacharbeiten und ebenfalls auf der Bodenplatte befestigen. Das Gerüst des Silos erstellen. Dazu beide Giebelseiten mit dazwischen liegendem Bastlerglas mit den Seitenteilen verschrauben.

5 Der Schafstall erhält seine Dacheinzelteile aufgeschraubt: Zuerst die beiden Einzelteile D bzw. E aufschrauben, die Gehrungsseite muss dabei nach unten zeigen. Dann die beiden großen Dachteile D und E wie abgebildet bündig ansetzen und aufschrauben. Das Silodach komplett mit Führungsklötzen zusammenschrauben.

6 Die Teerpappe anbringen und die Dachkanten ergänzen. Das Silodach mit Teerpappe verkleiden.

7 Die Heidekrautmatte mit Drahtkrampen auf der Dachkante des Schafstalls befestigen. Danach den Ausschnitt für das Silo in der Heidekrautmatte dem Ausschnitt im Dach anpassen.

8 Evtl. einen Schraubhaken für einen Meisenring von unten in die Bodenfläche schrauben.

Variations-Tipp

Für das Schafstalldach kann auch eine Kokos- oder Weidenmatte verwendet werden.

Einen Ständer für das Futterhaus können Sie fertig im Baumarkt kaufen oder mit wenigen einfachen Handgriffen selbst herstellen: Sie benötigen dafür lediglich mehrere gerade, stabile Äste (ø ca. 3 cm – 5 cm), z. B. von einer Birke, und einige Nägel. Aus drei gleich langen, leicht schräg geneigten Ästen die Standbeine zusägen. Die oberen Enden so absägen, dass der Schafstall sicher obenauf platziert werden kann. Die Auflagefläche kann erweitert werden, indem zwischen die oberen Enden der Standbeine ein viertes, dickeres Aststück genagelt wird. Auch dieses Aststück muss auf der Oberseite sauber und gerade abgesägt sein. Für einen sicheren Stand die Beine etwa 15 cm über dem Boden mit quer verlaufenden und versetzt angeordneten Ästen verbinden.

Eine liebe Katze

→ für kleine Meisenknödel geeignet

MOTIVHÖHE
ca. 24 cm

MATERIAL
- Brett, 18 mm stark, 200 mm x 300 mm
- Leistenrest, 10 mm stark (Nase)
- Holzlasuren in Maron und Bernstein
- Bindedraht, ø 0,65 mm
- Schraubhaken, gebogen, ø 1,8 mm, 13 mm lang
- Nagel, ø 1,2 mm, 20 mm lang
- Paketschnur, ø 1,7 mm
- dünner, wasserfester Stift in Schwarz
- Holzbohrer, ø 1,5 mm, 4 mm und 6 mm

VORLAGE SEITE 91

1 Mithilfe einer Schablone die Nase aus dem Leistenrest und die Katze aus dem Brett aussägen.

2 Für den Bauch ein Loch (ø 6 mm) in die Fläche bohren, das Sägeblatt durchfädeln und die Fläche aussägen.

3 Alle Teile versäubern, die Löcher bohren und wie abgebildet anmalen.

4 Das Gesicht gestalten. Die Bindedrahtstücke als Schnurrhaare von hinten durch die Bohrungen stecken und vorne umbiegen. Die Nase aufnageln und den Schraubhaken eindrehen.

5 Ein Paketschnurstück dient zum Aufhängen.

6 Einen Meisenknödel an den Haken hängen.

Werken-Tipp

Damit die Farben der Katze draußen nicht zu stark verblassen, können Sie sie nach dem Bemalen mit Holzwachs behandeln.

HINWEIS **Manche Vorlagen hier im Buch wurden verkleinert. Diese Vorlagen bitte einfach mit dem angegebenen Vergrößerungsfaktor im Kopiergeschäft kopieren und dann diese Kopien wie normale Vorlagen nutzen.**

Schwedenhaus

SEITE 23-25

bitte alle Teile auf 200% vergrößern

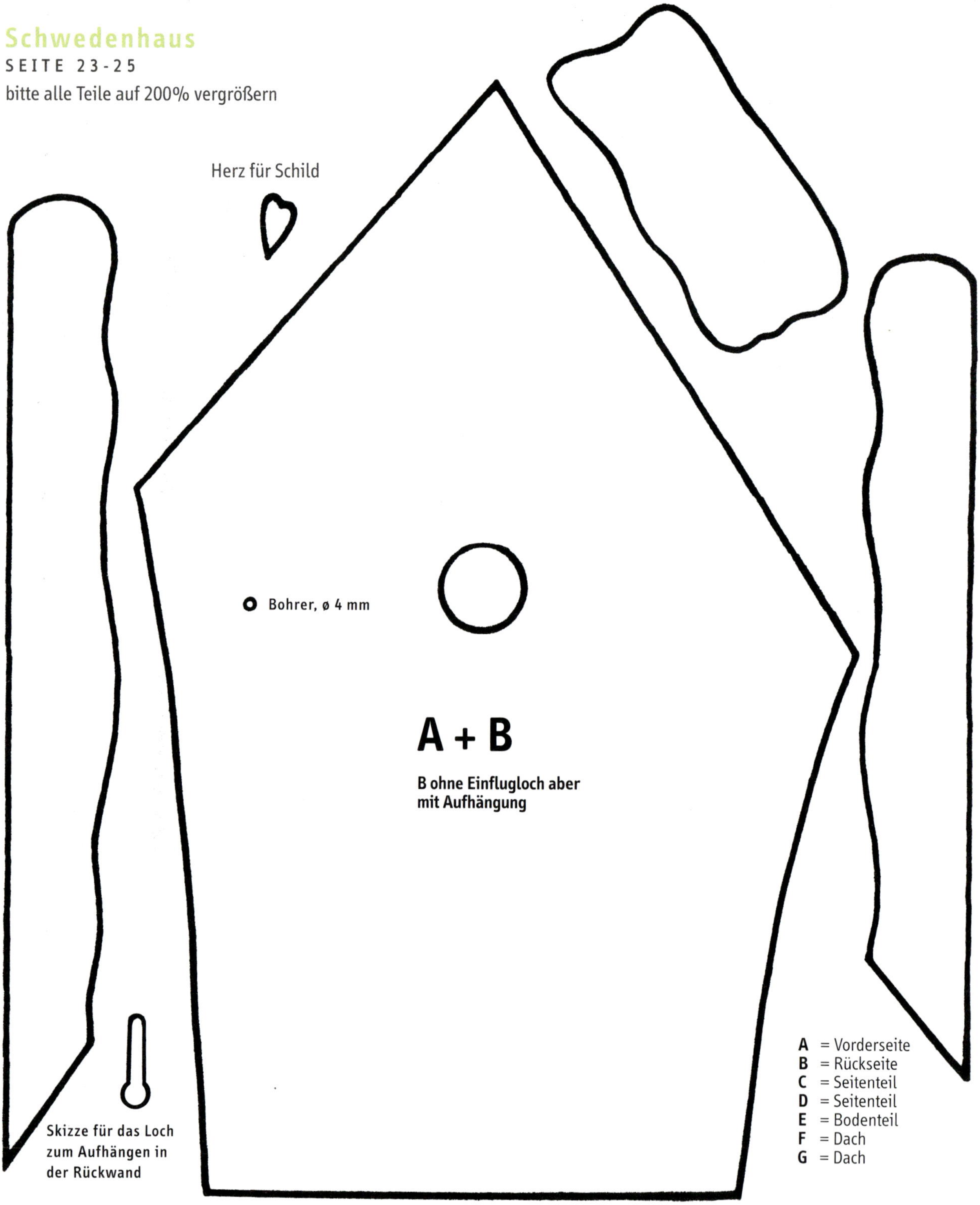

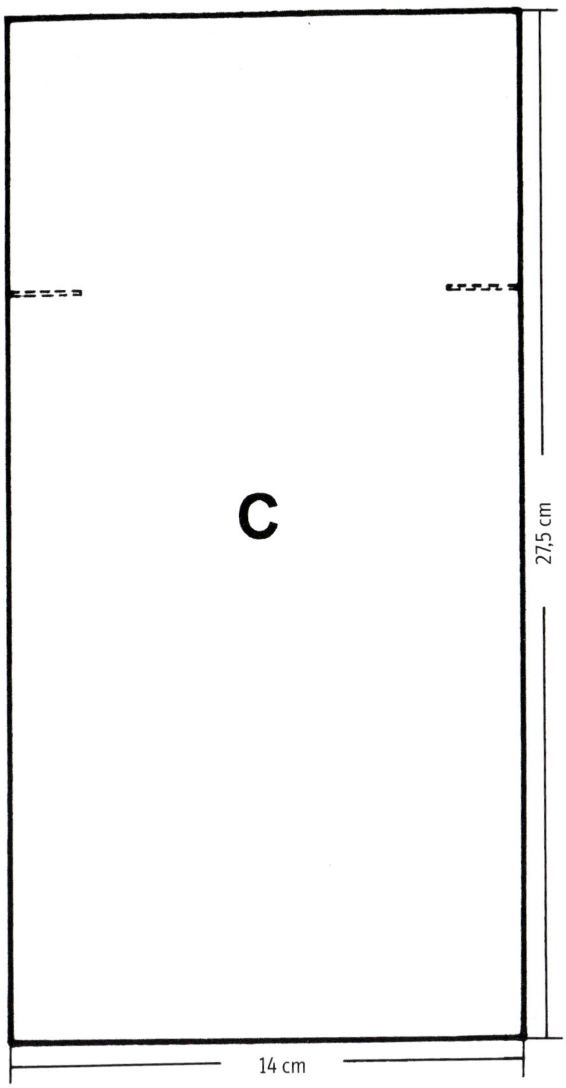

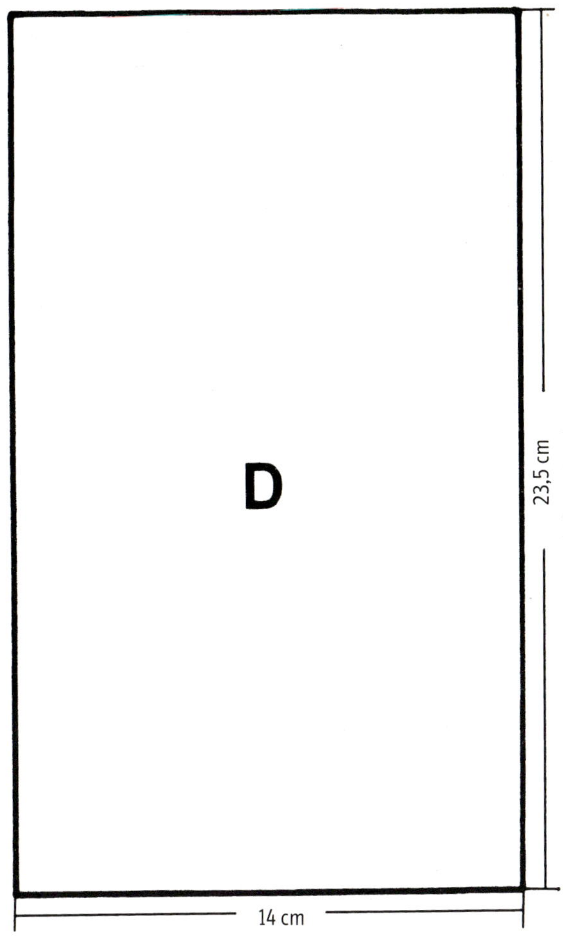

Schornstein

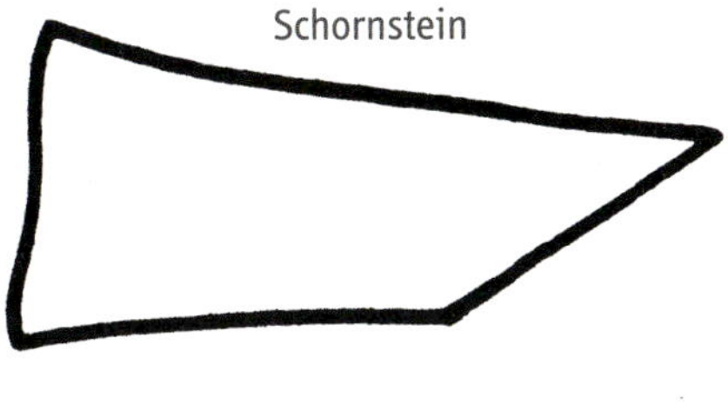

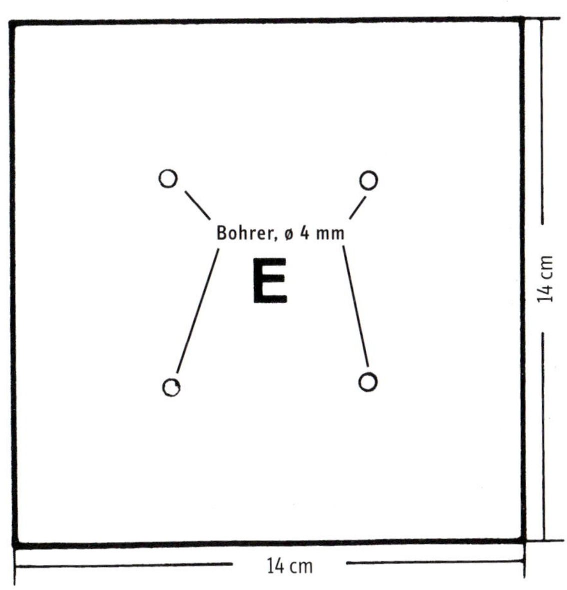

Schwedenhaus

SEITE 23-25

bitte alle Teile auf 200% vergrößern

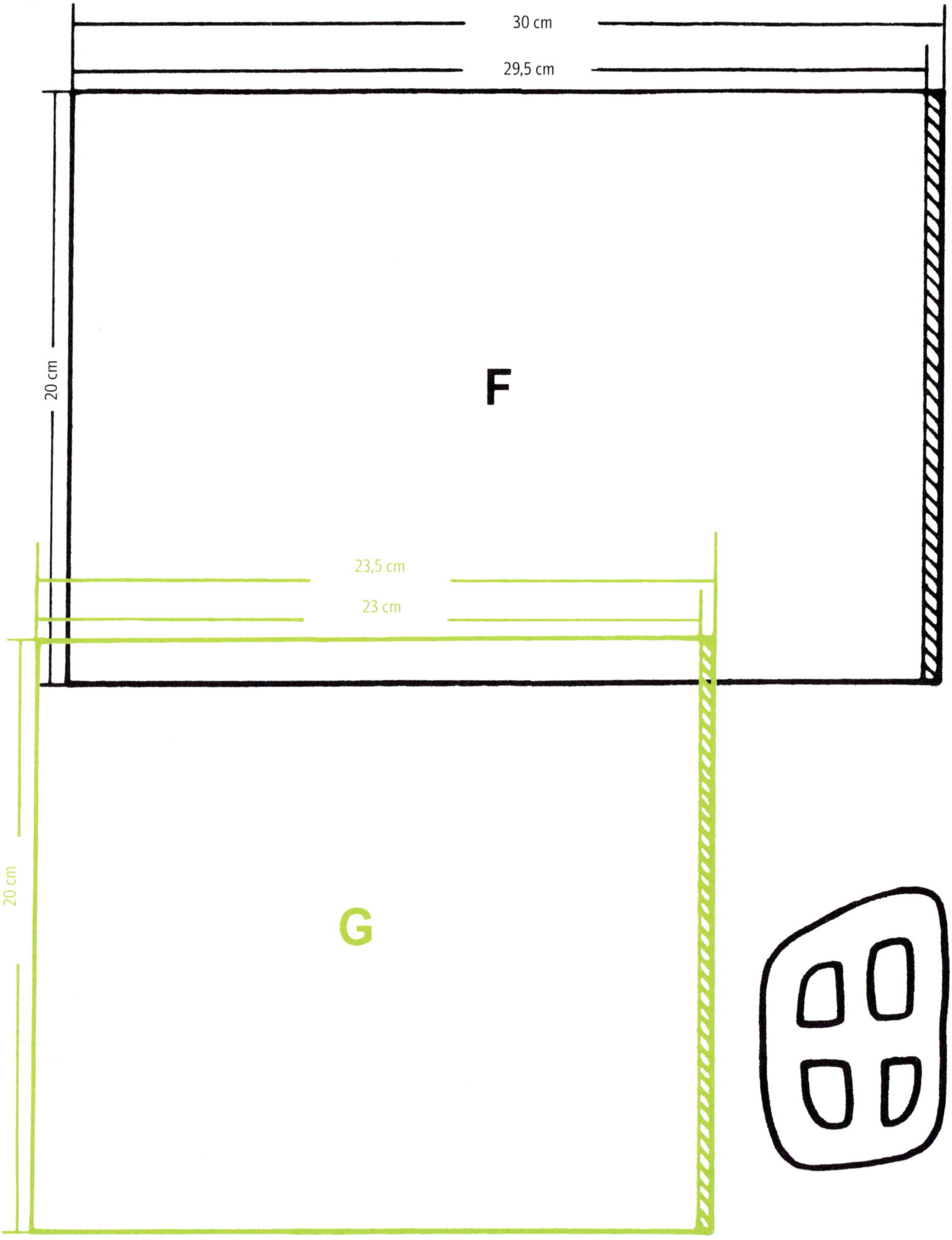

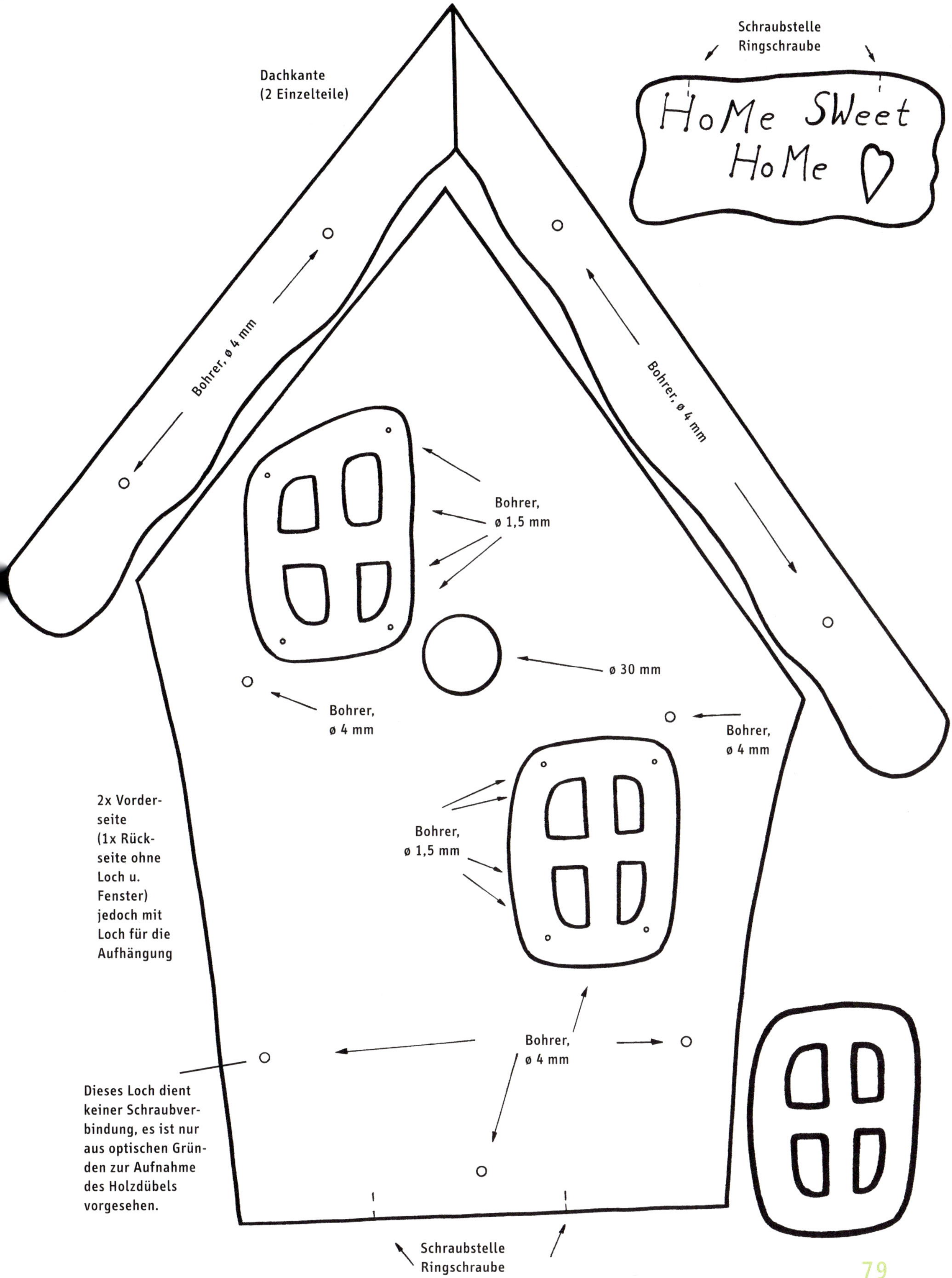
Schraubstelle
Ringschraube
Dachkante
(2 Einzelteile)
HoMe SWeet
HoMe
Bohrer, ø 4 mm
Bohrer, ø 4 mm
Bohrer,
ø 1,5 mm
ø 30 mm
Bohrer,
ø 4 mm
Bohrer,
ø 4 mm
2x Vorderseite
(1x Rückseite ohne
Loch u.
Fenster)
jedoch mit
Loch für die
Aufhängung
Bohrer,
ø 1,5 mm
Bohrer,
ø 4 mm
Dieses Loch dient
keiner Schraubverbindung, es ist nur
aus optischen Gründen zur Aufnahme
des Holzdübels
vorgesehen.
Schraubstelle
Ringschraube

Balkonkette

SEITE 52-53

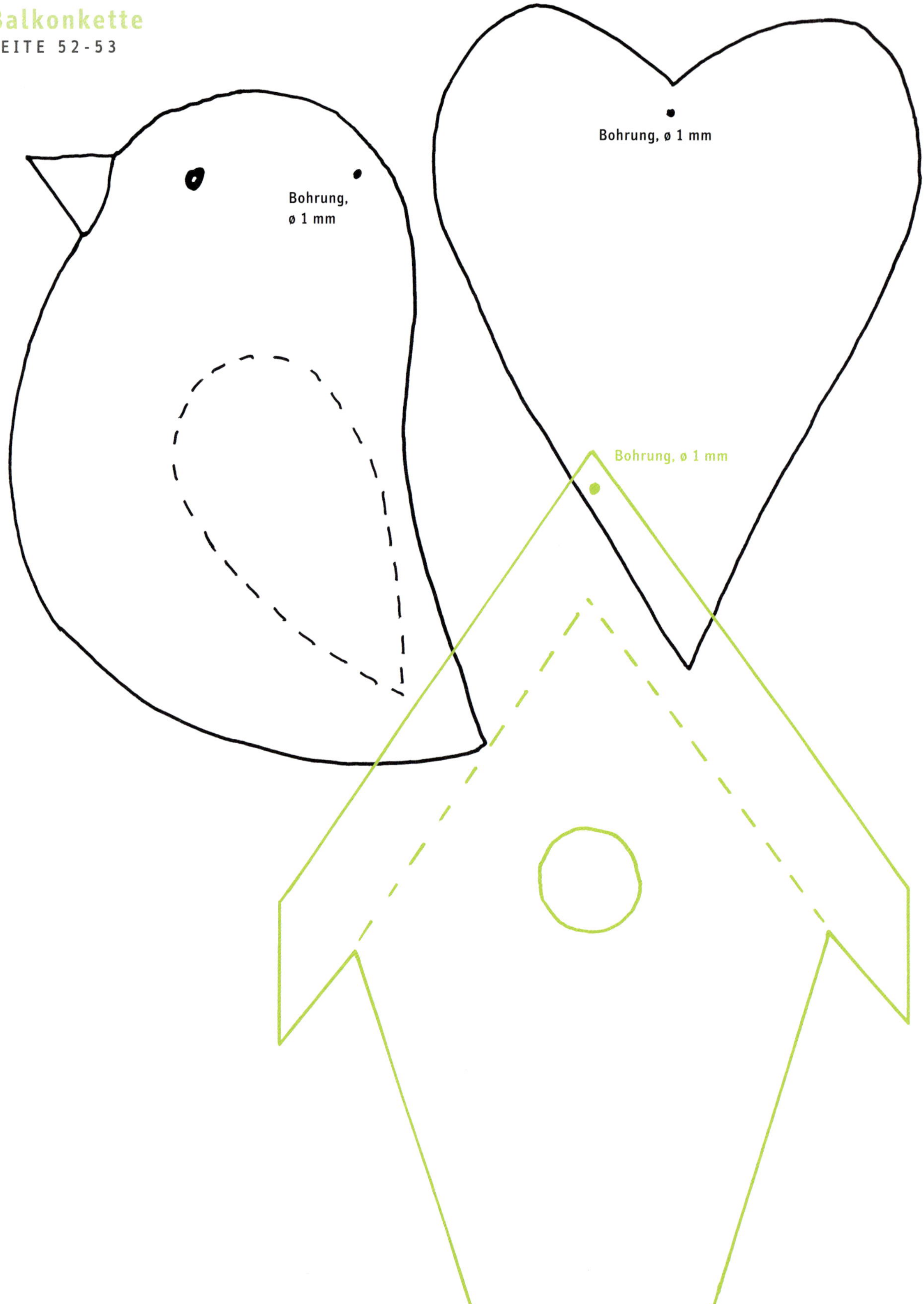

Sperlingskolonie

SEITE 29-31

bitte alle Teile auf 200% vergrößern

A = Vorderseite vom Mittelhaus
B = Vorderseite Seitenhäuser 2 x
C = Rückseite Seitenhaus 2 x
D = Zwischenwand zwischen Seitenhaus und Mittelhaus 2 x (aber die Bohrungen gespiegelt wegen der Dachschräge)
E = Rückwand Mittelhaus (besteht aus festem oberen Teil und beweglicher Klappe)
F = Seitenteil (Klappe) Seitenhaus 2 x
G = Dach Seitenhaus 2 x
H = Dach Mittelhaus 2 x
I = Bodenplatte Mittelhaus
J = Bodenplatte Seitenhäuser 2 x
K = großer Türflügel Mittelhaus 2 x
L = kleiner Fenster-Türflügel 6 x

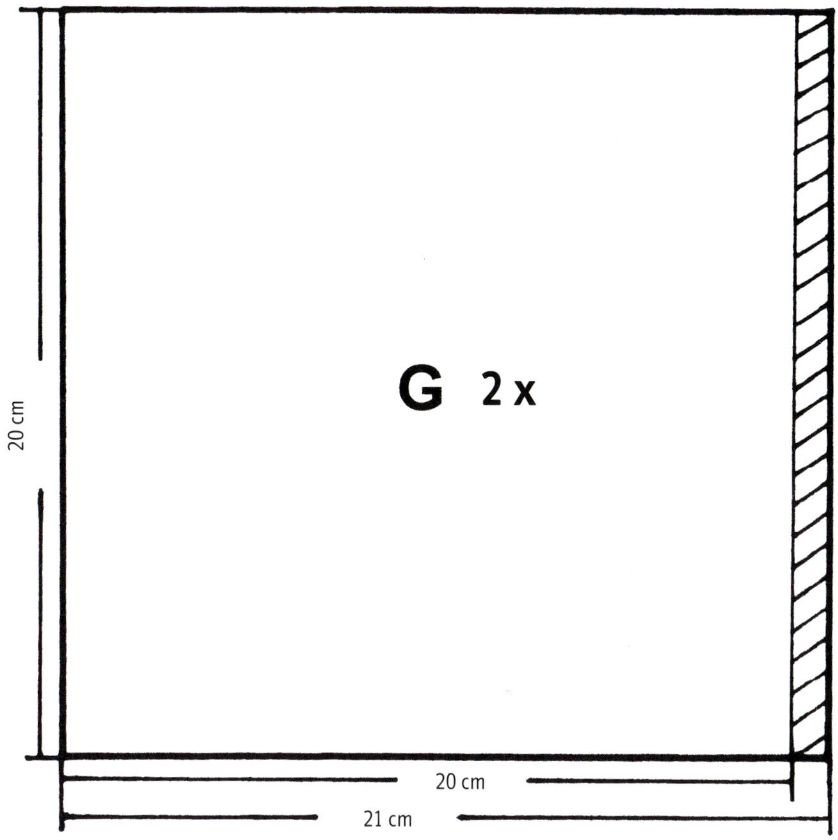

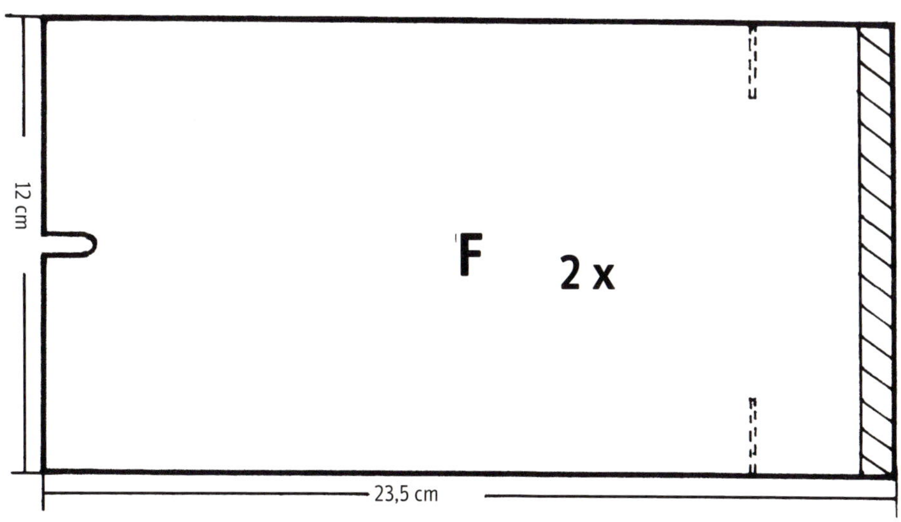

Sperlingskolonie

SEITE 29-31

bitte alle Teile auf 200% vergrößern

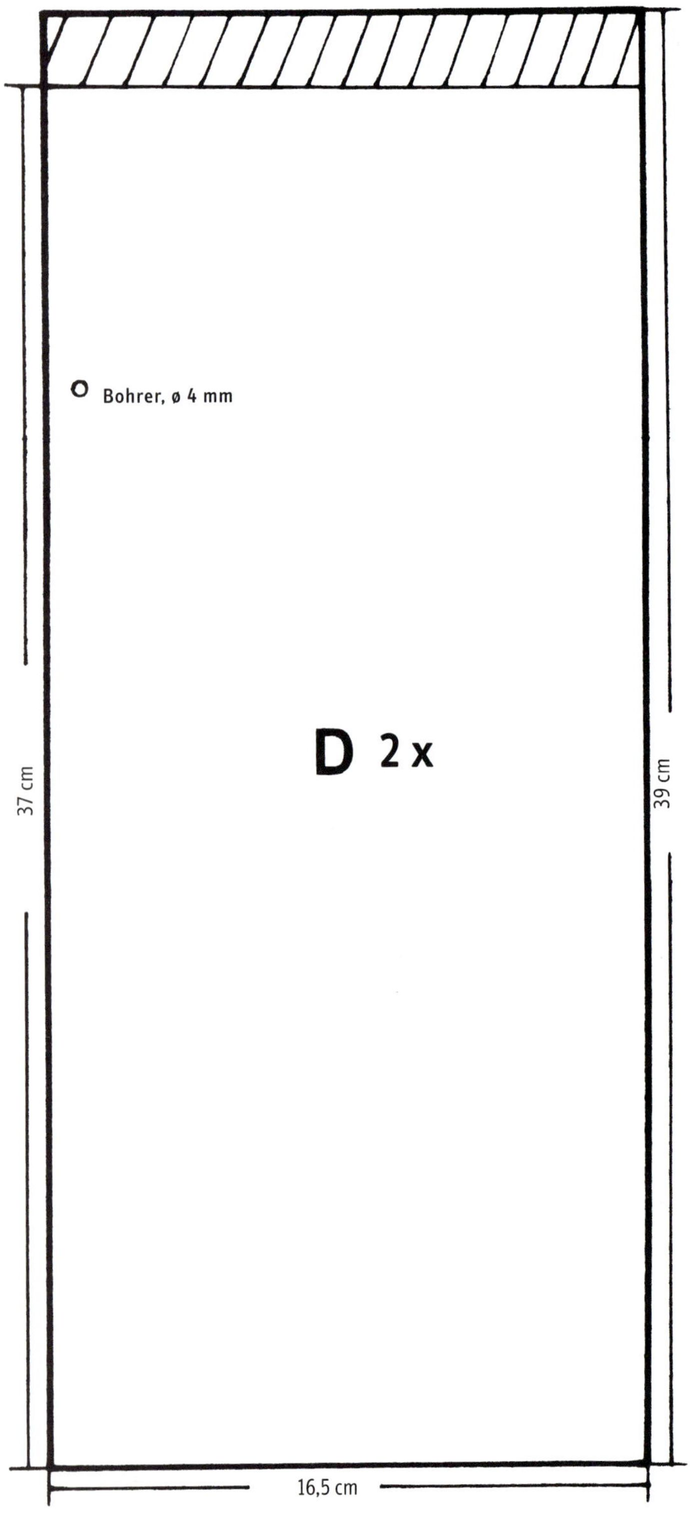

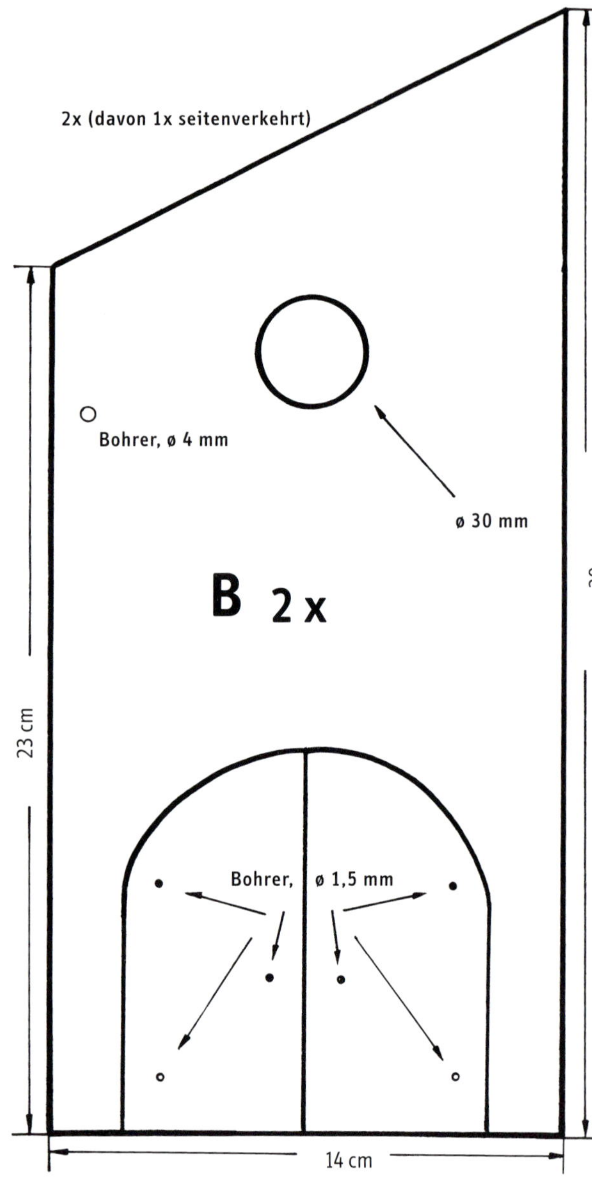

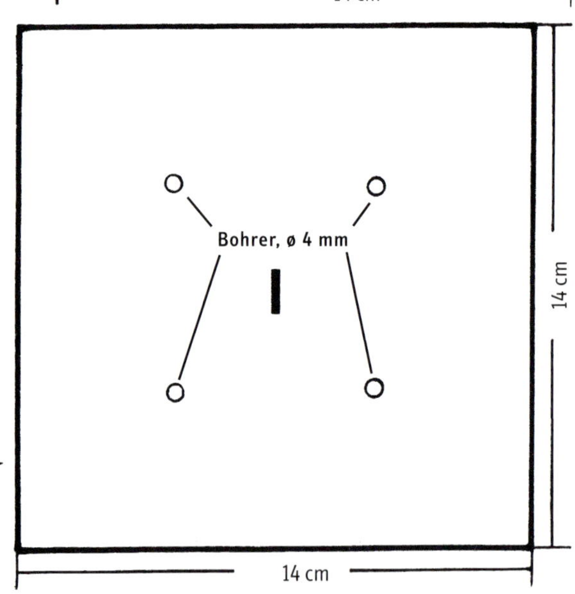

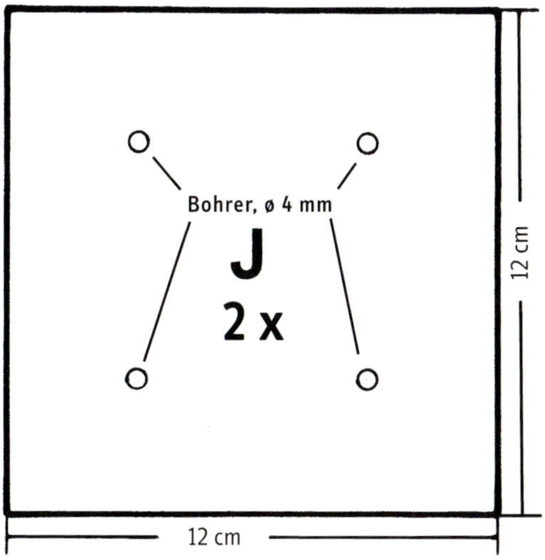

Skizze für die Löcher zum Aufhängen in der Rückwand

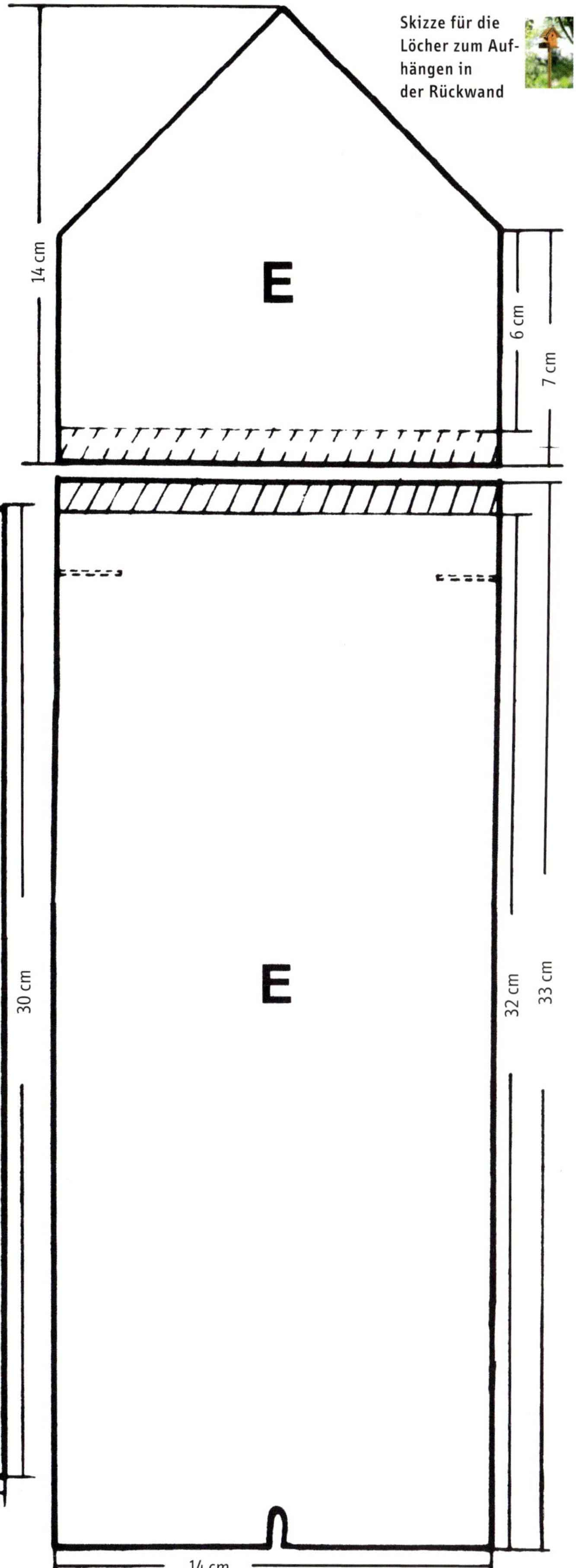

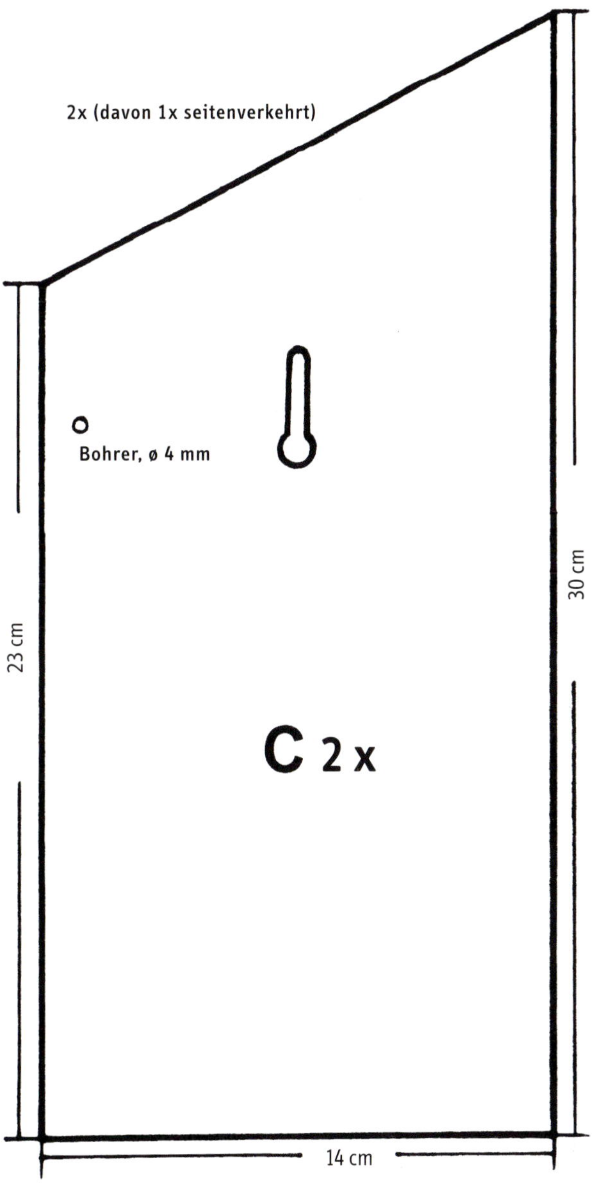

Sperlingskolonie

SEITE 29-31

bitte alle Teile auf 200% vergrößern

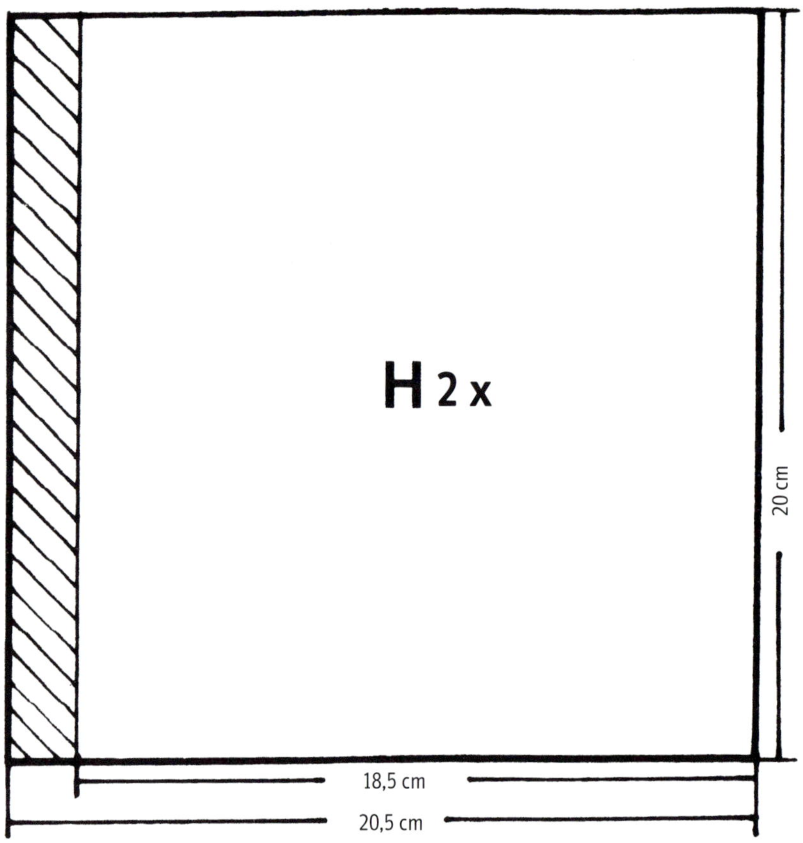

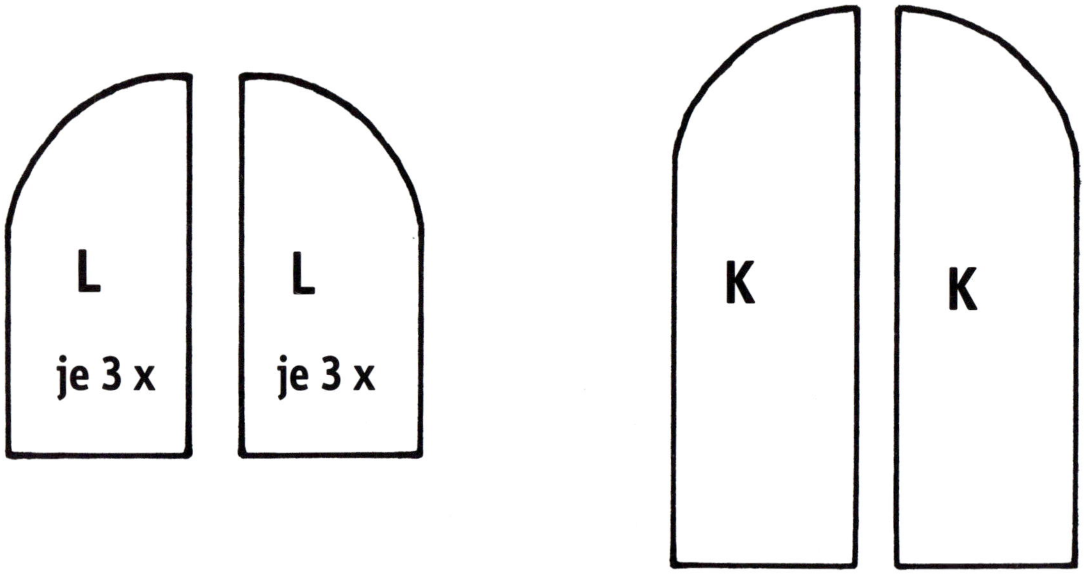

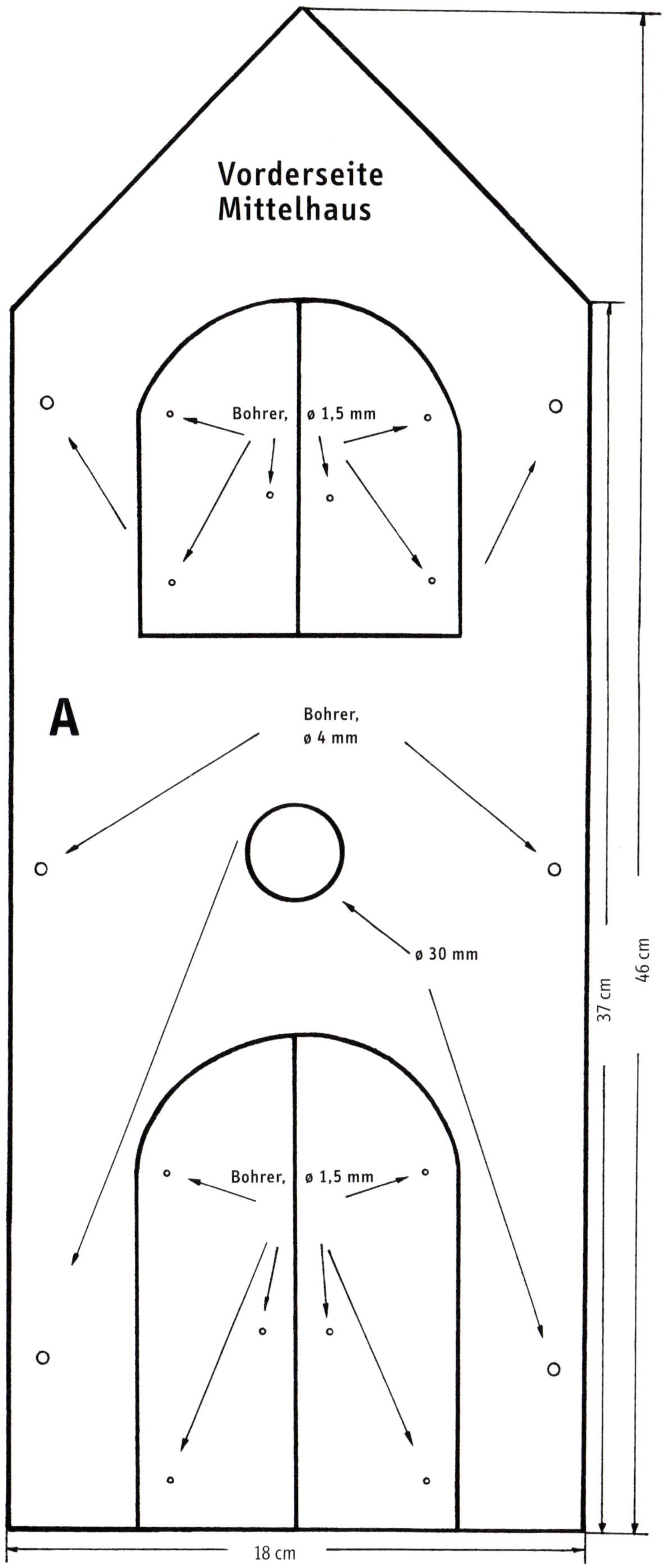
Vorderseite
Mittelhaus
Bohrer, ø 1,5 mm
A
Bohrer,
ø 4 mm
ø 30 mm
Bohrer, ø 1,5 mm
37 cm
46 cm
18 cm

Schafstall

SEITE 70-73

bitte alle Teile auf 200% vergrößern

A = Bodenplatte
B = Vorder- und Rückwand 2 x
C = Seitenwand 2 x
D = Dach links (von vorne gesehen)
E = Dach rechts (von vorne gesehen)
F = Vorder- und Rückwand Silo 2 x
G = Dachkante Stall 4 x
H = Seitenteil Silo 2 x
I = Silodach rechts
J = Silodach links
K = Führungsklotz Silodach rechts
L = Führungsklotz Silodach links
M = Scheibe (Acrylglas) 2 x
N = Zaunpfähle 4 x
O = Zaunstange aus Rundholz 2 x

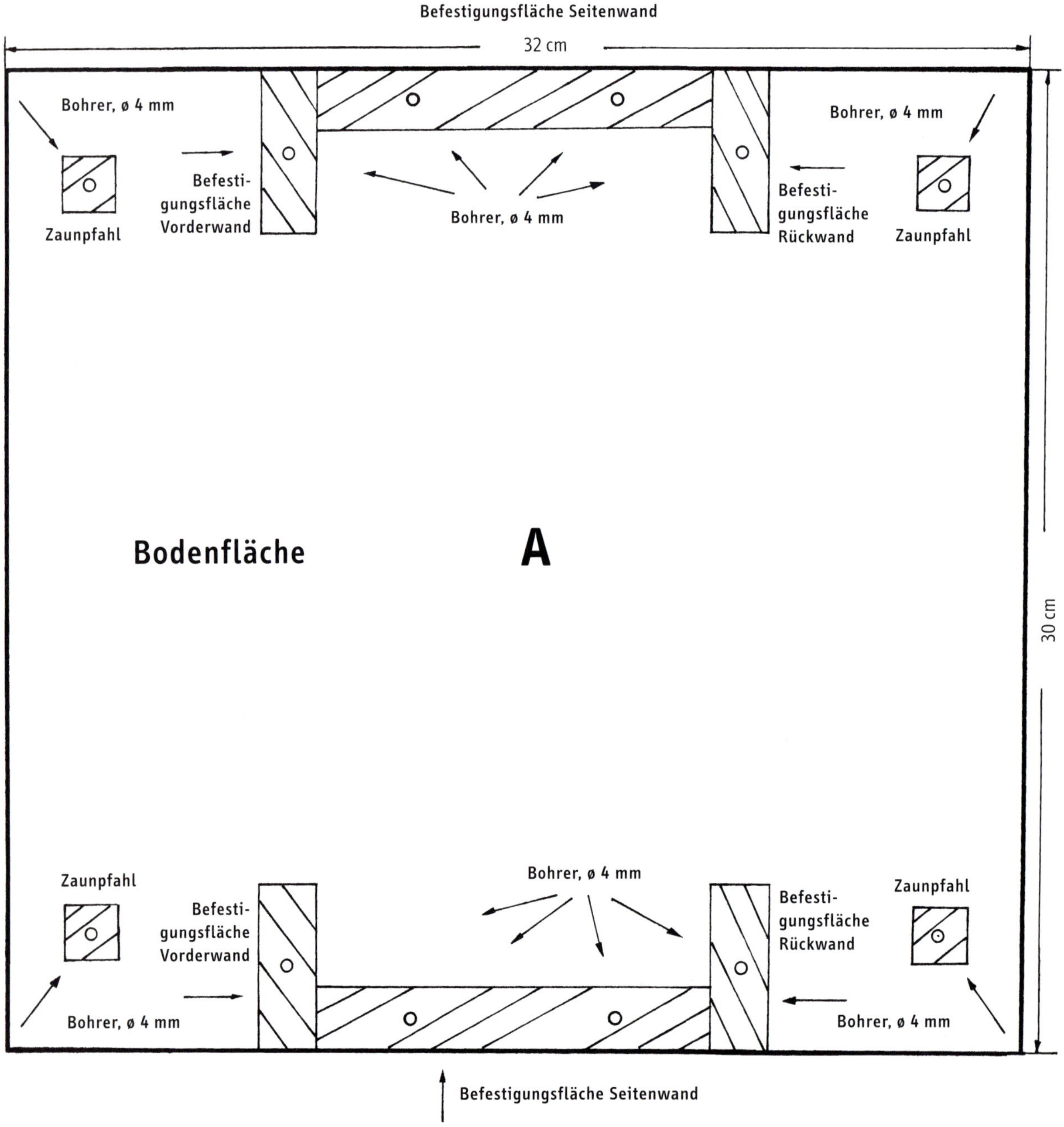

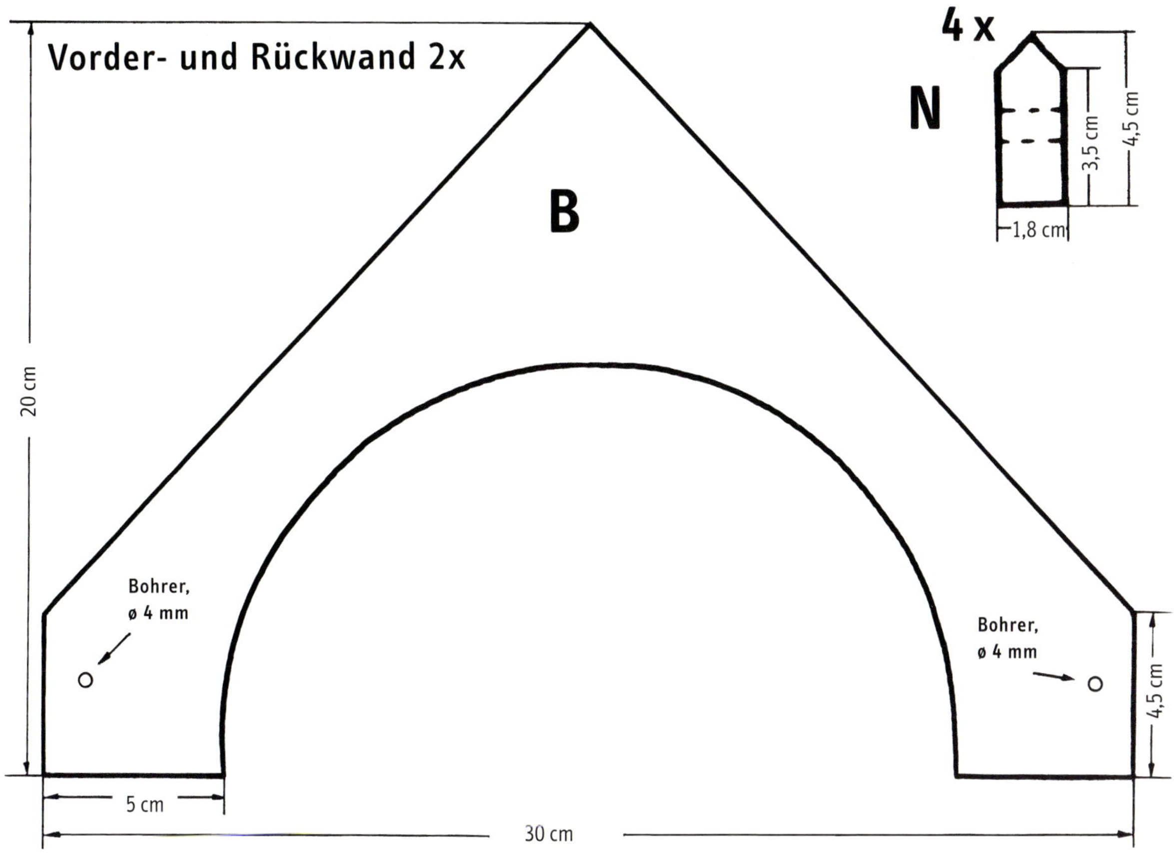

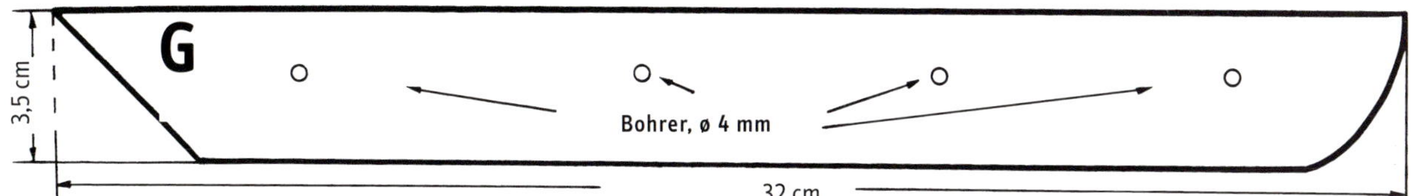

Dachkante Stall 2x

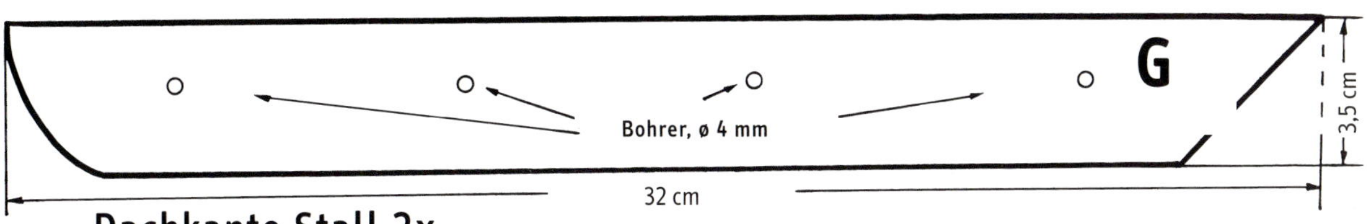

Dachkante Stall 2x

Schafstall

SEITE 70-73

bitte alle Teile auf 200% vergrößern

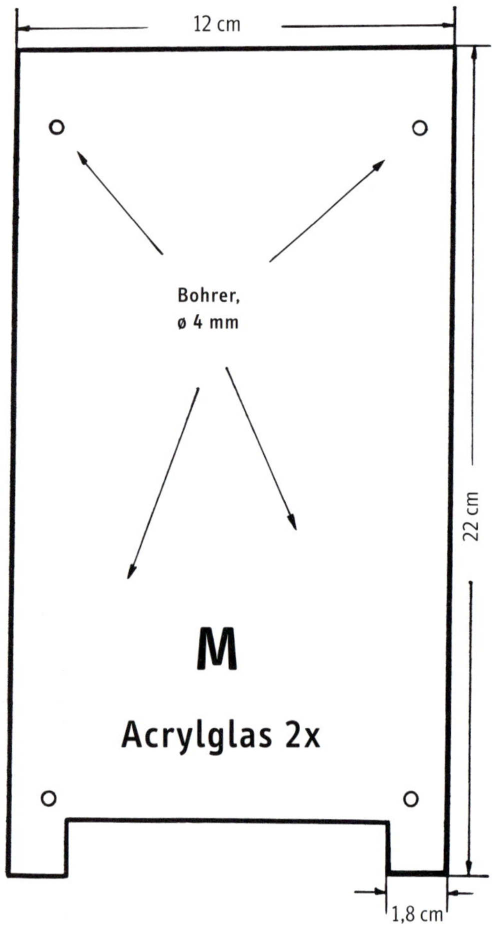

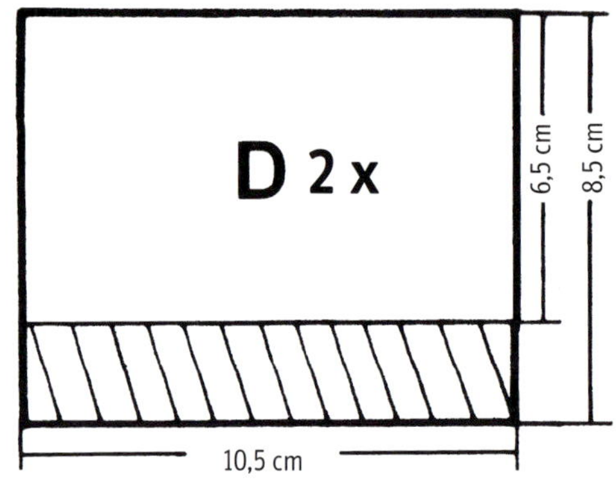

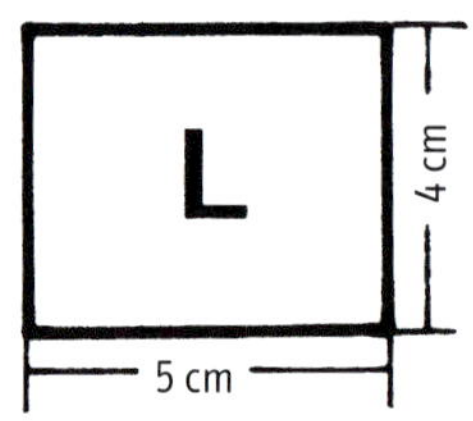

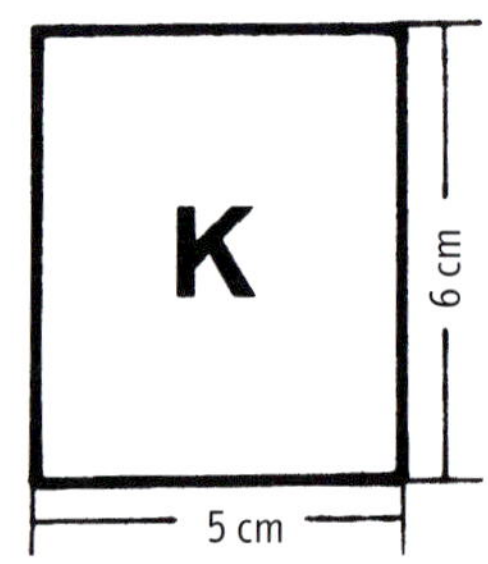

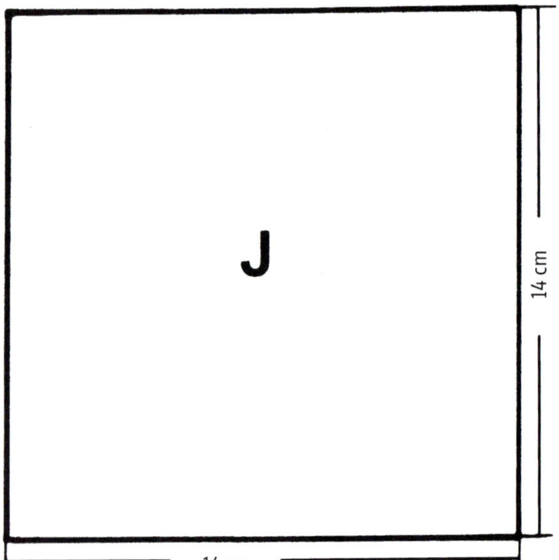

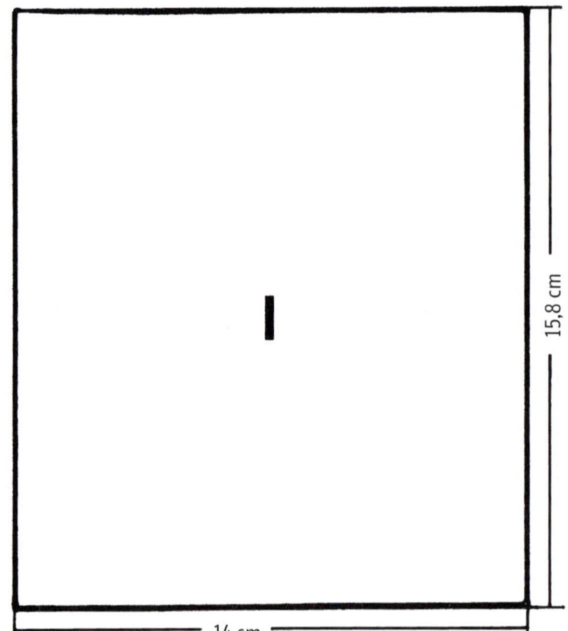

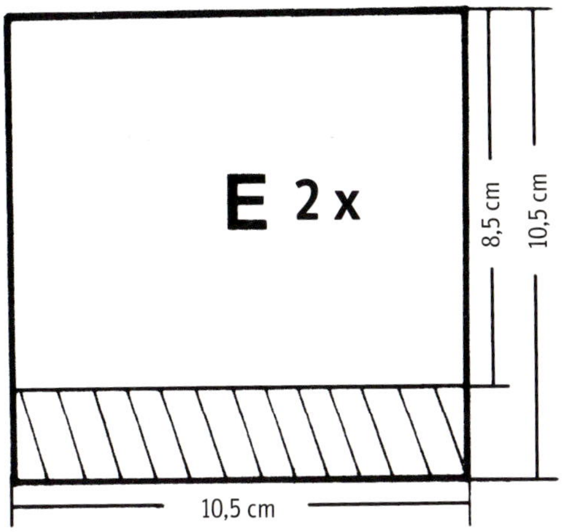
E 2 x
8,5 cm
10,5 cm
10,5 cm

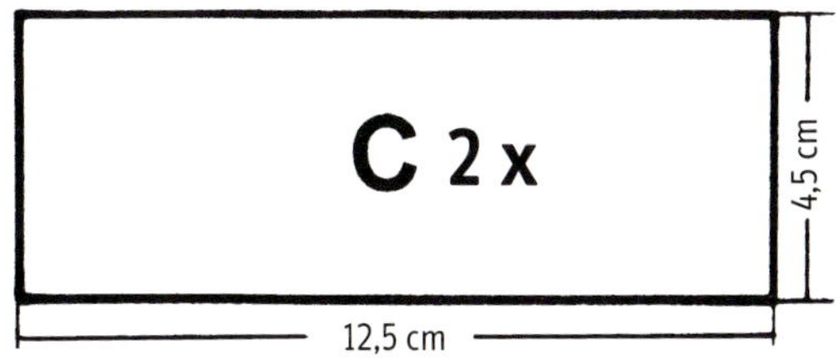
C 2 x
4,5 cm
12,5 cm

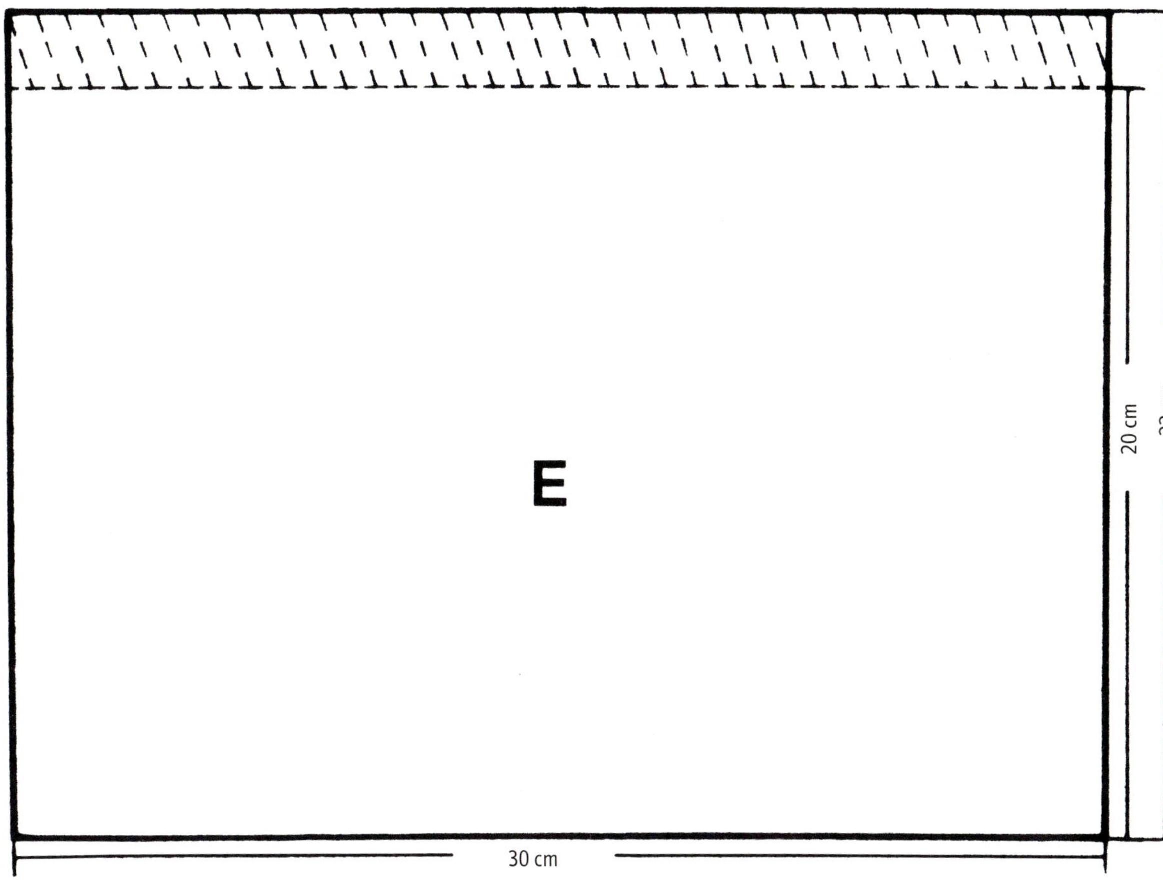
E
20 cm
22 cm
30 cm

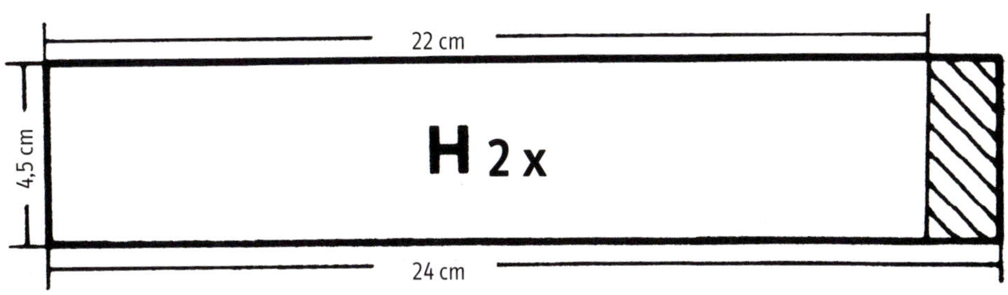
22 cm
H 2 x
4,5 cm
24 cm

Schafstall

SEITE 70-73

bitte alle Teile auf 200% vergrößern

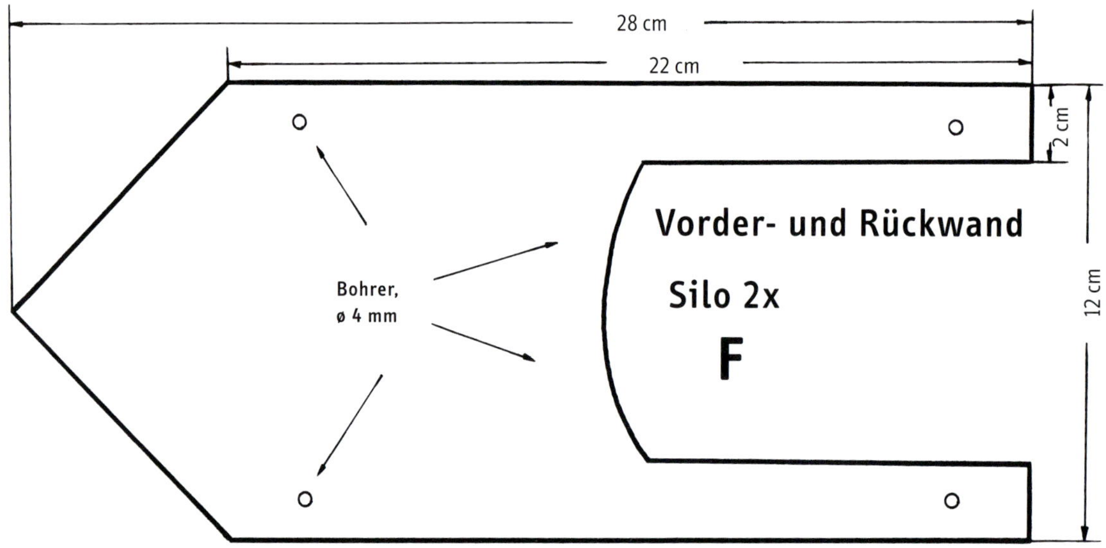

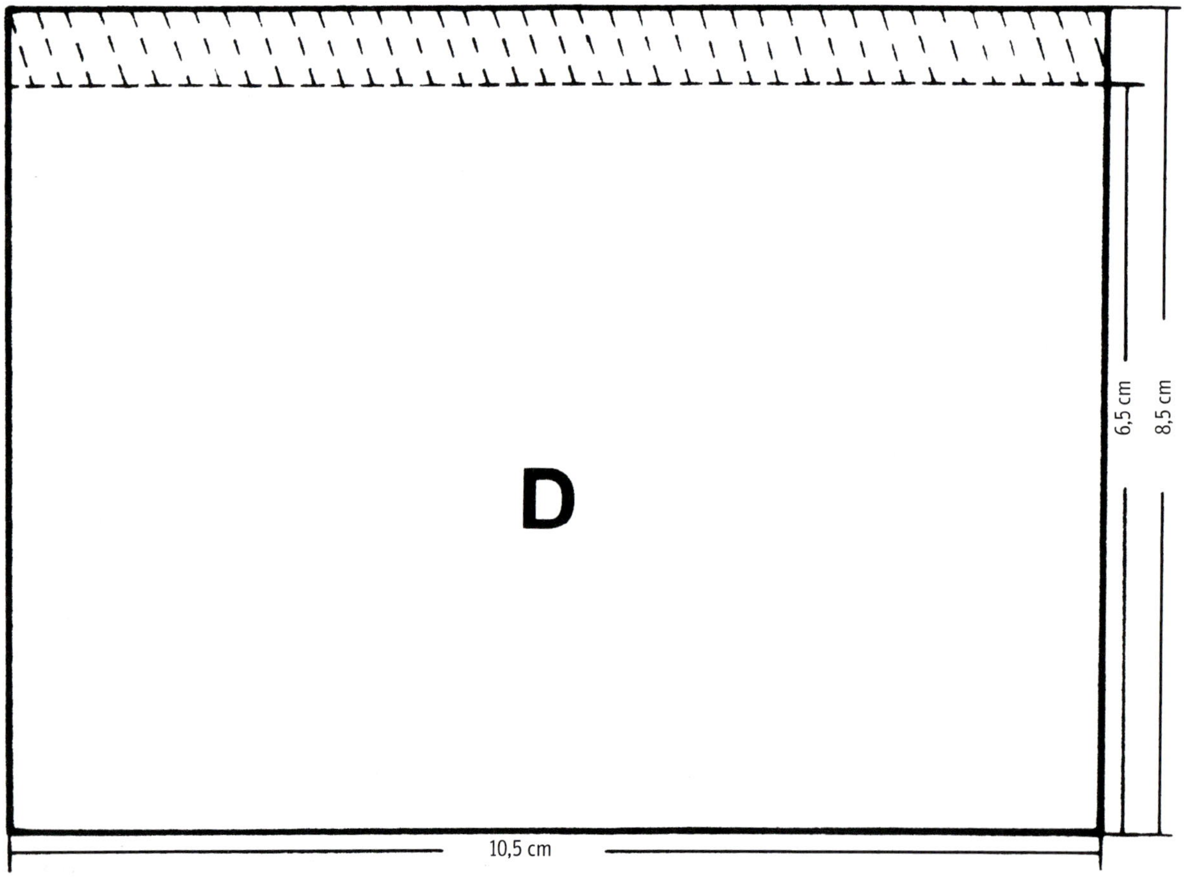

Eine liebe Katze

SEITE 74-75

bitte alle Teile auf 118% vergrößern

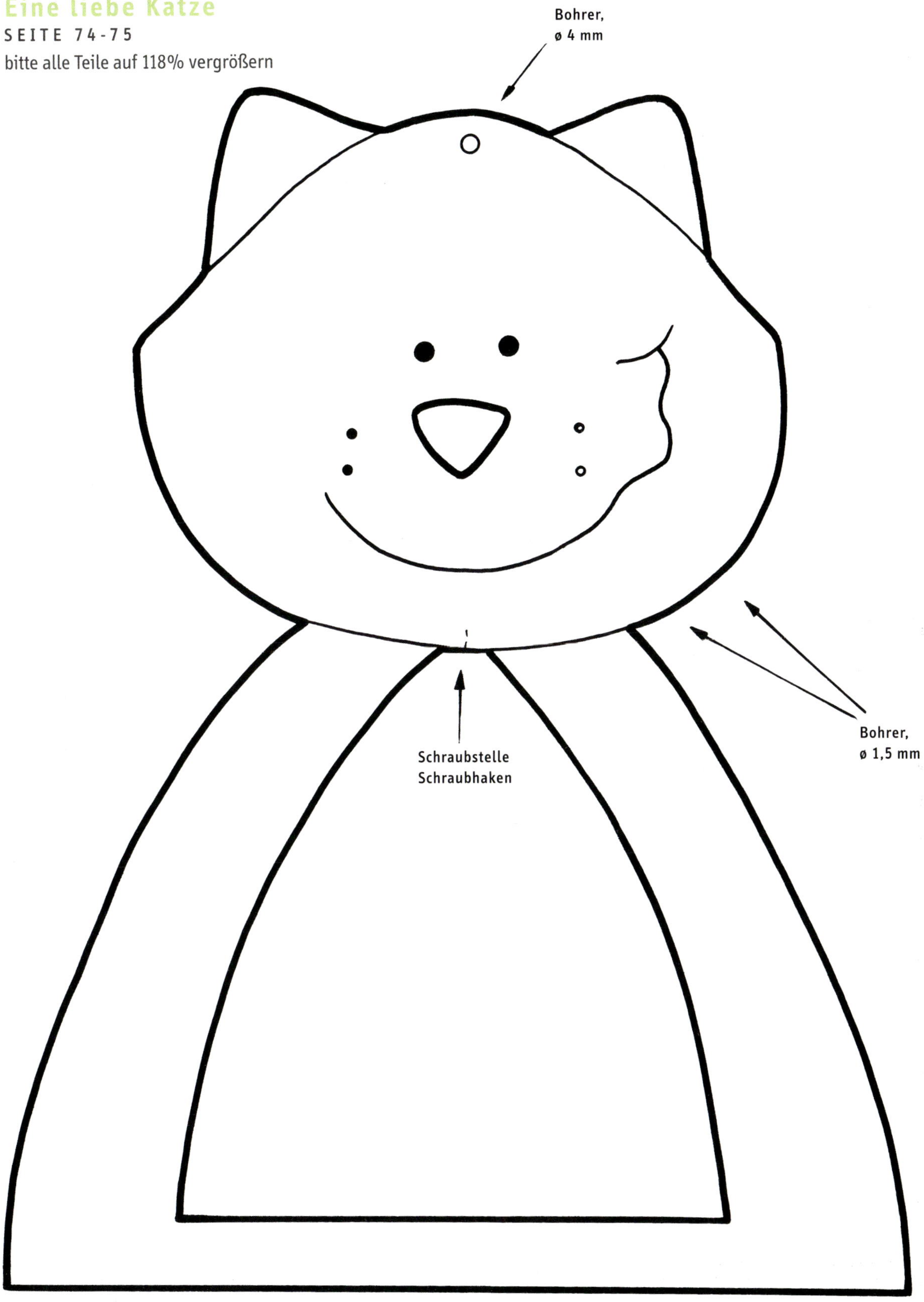

Eichhörnchen

SEITE 68-69

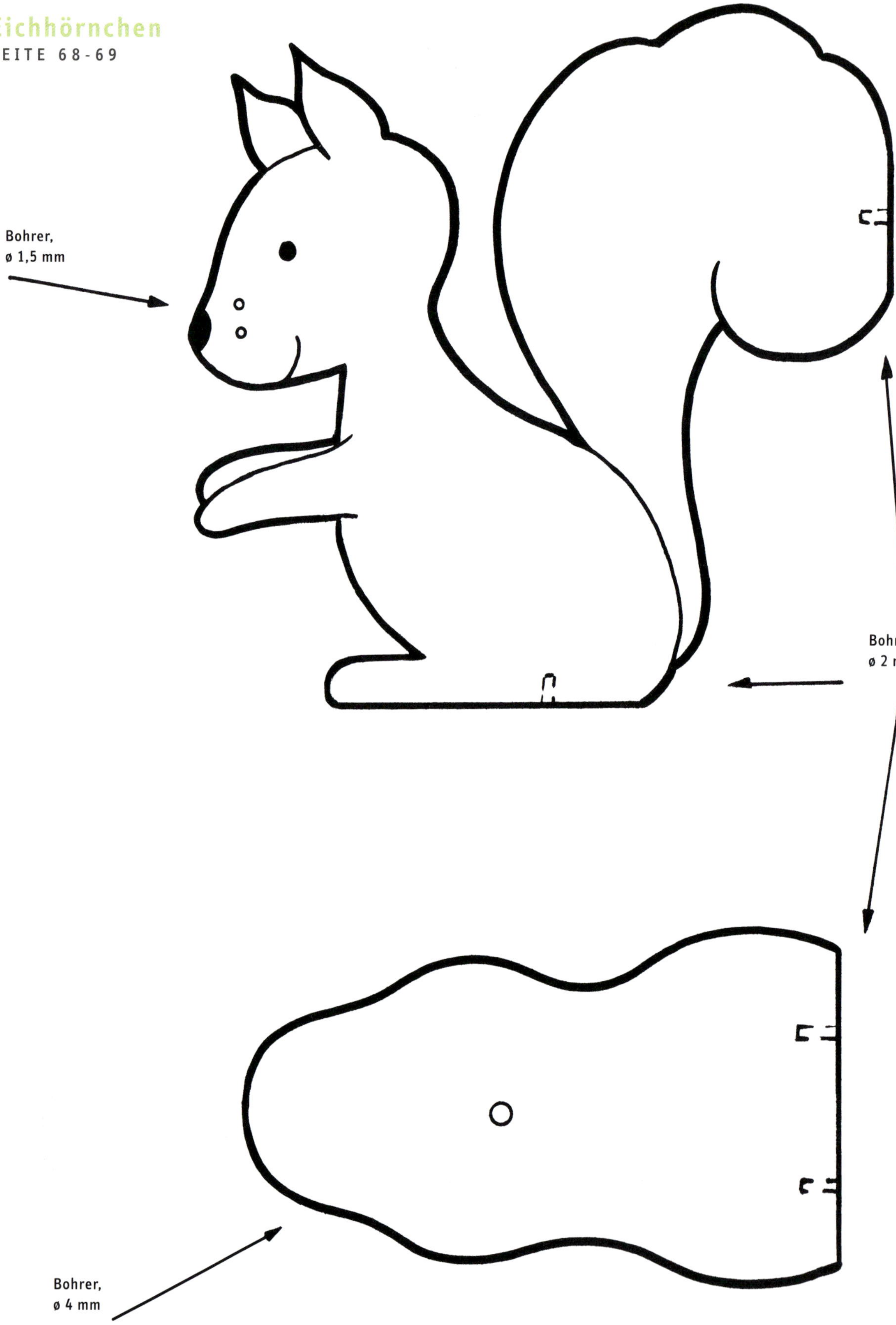

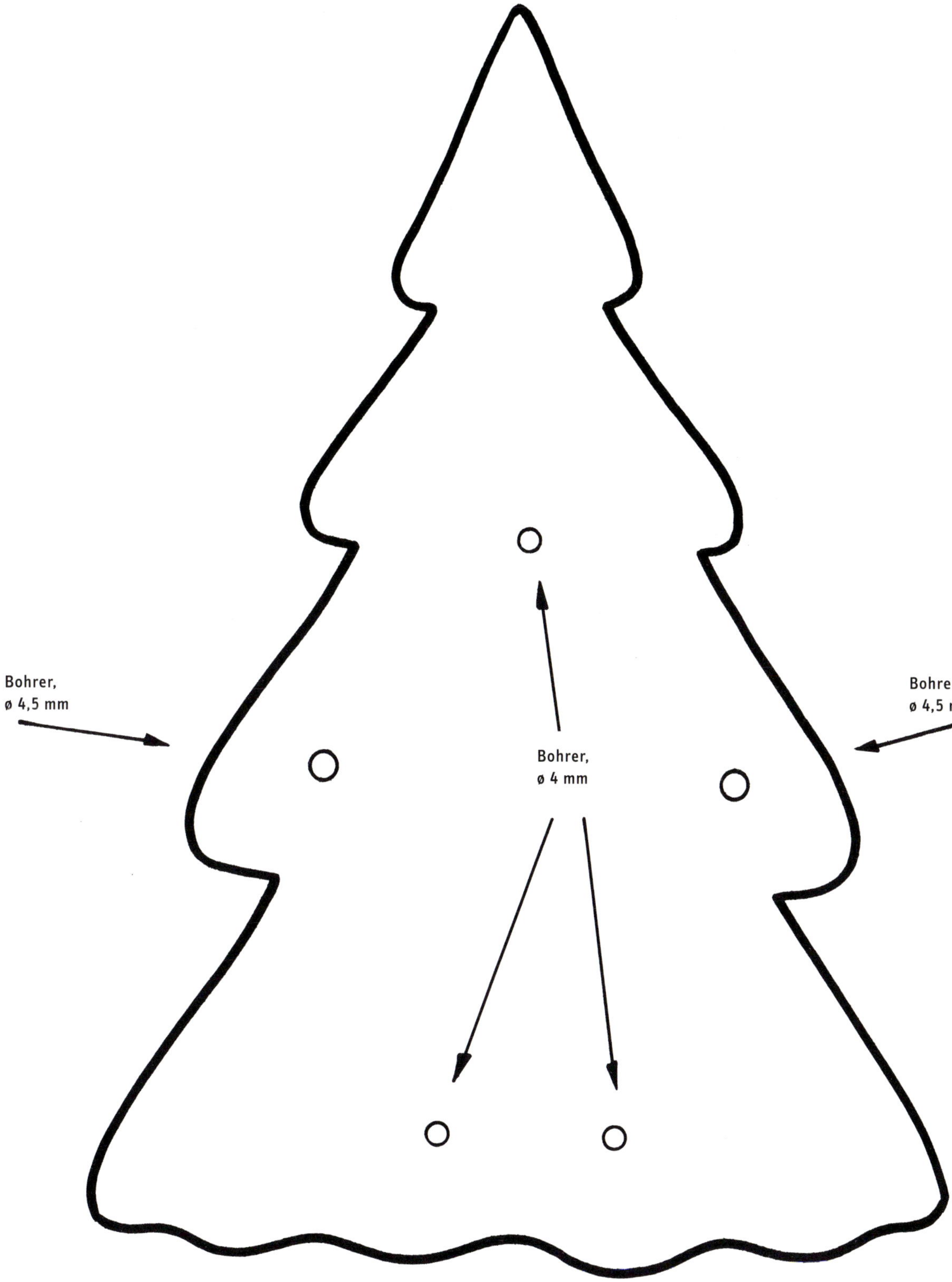
Bohrer,
ø 4,5 mm
Bohrer,
ø 4,5 mm
Bohrer,
ø 4 mm

Eichelhaus

SEITE 32-34

bitte alle Teile auf 200% vergrößern

A = Vorderseite
B = Seitenteil links
C = Seitenteil rechts
D = Bodenplatte
E = Rückseite (festes oberes Teil und bewegliche Klappe)
F = Dach links
G = Dach rechts
H = Eichelhütchen

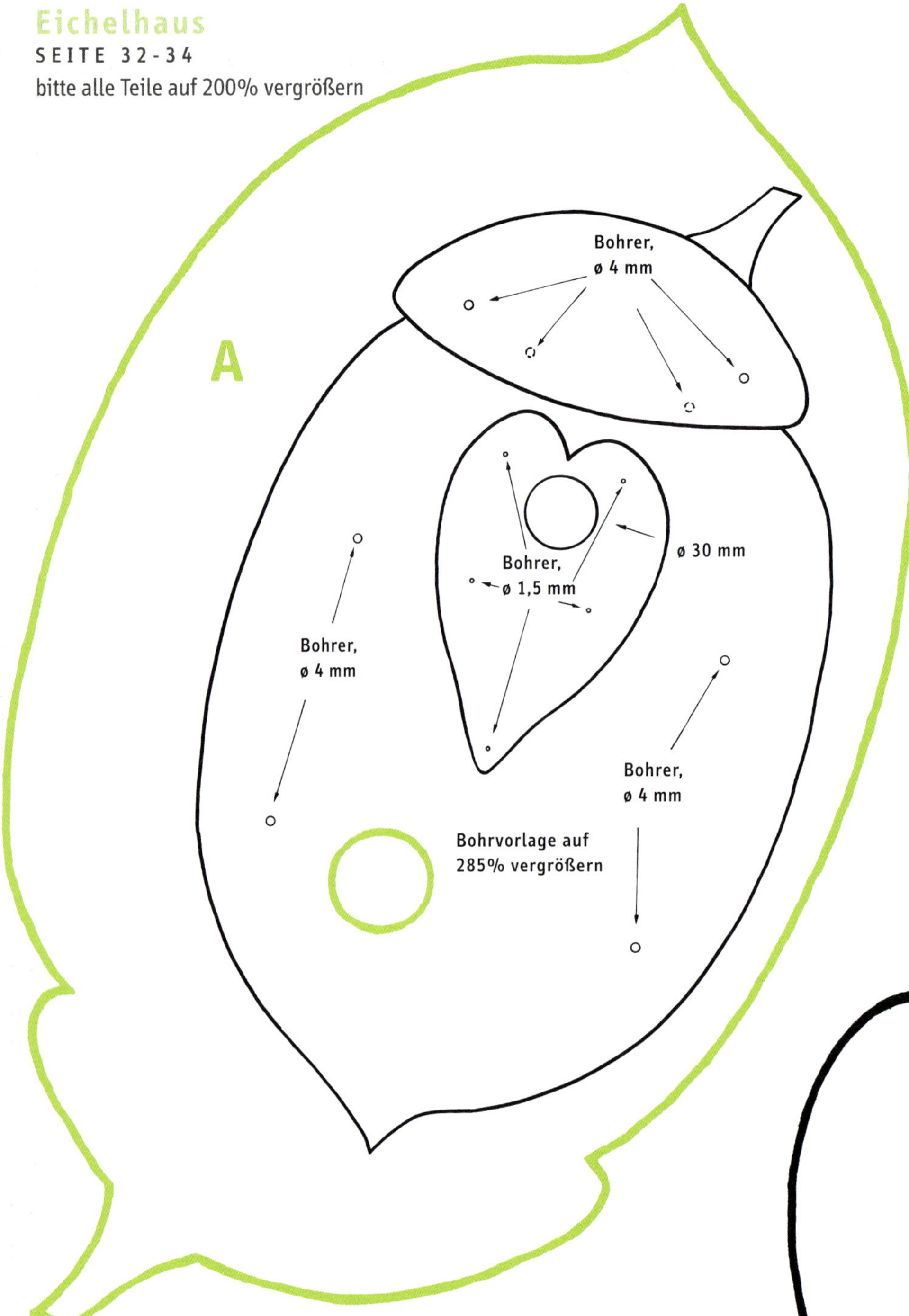

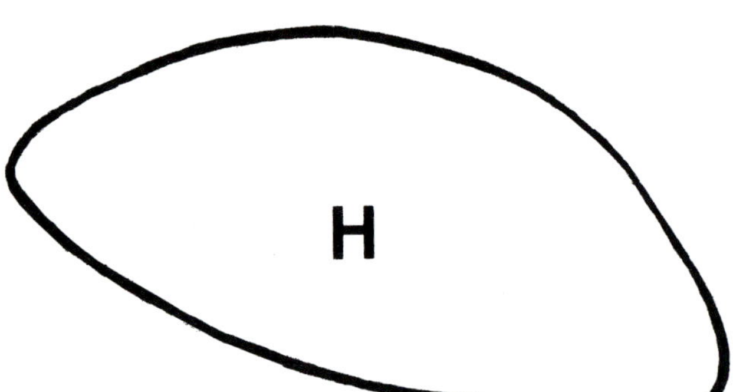

Herz aus Zinkblech

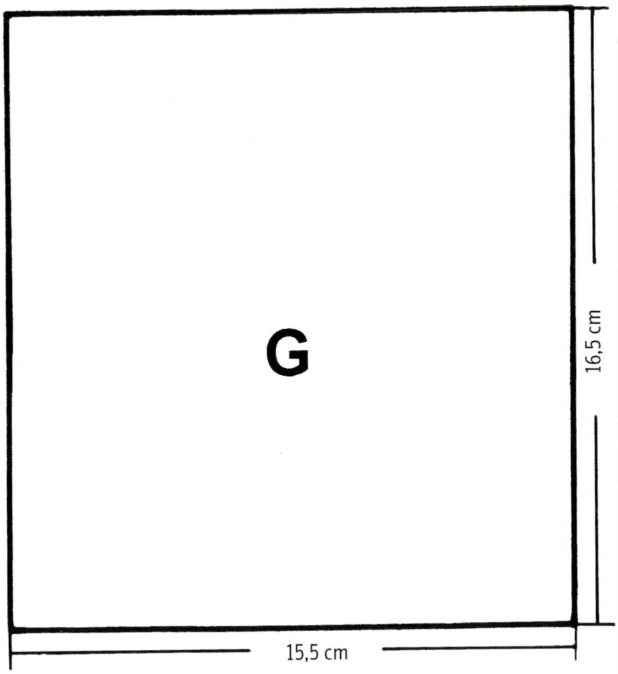
G
16,5 cm
15,5 cm

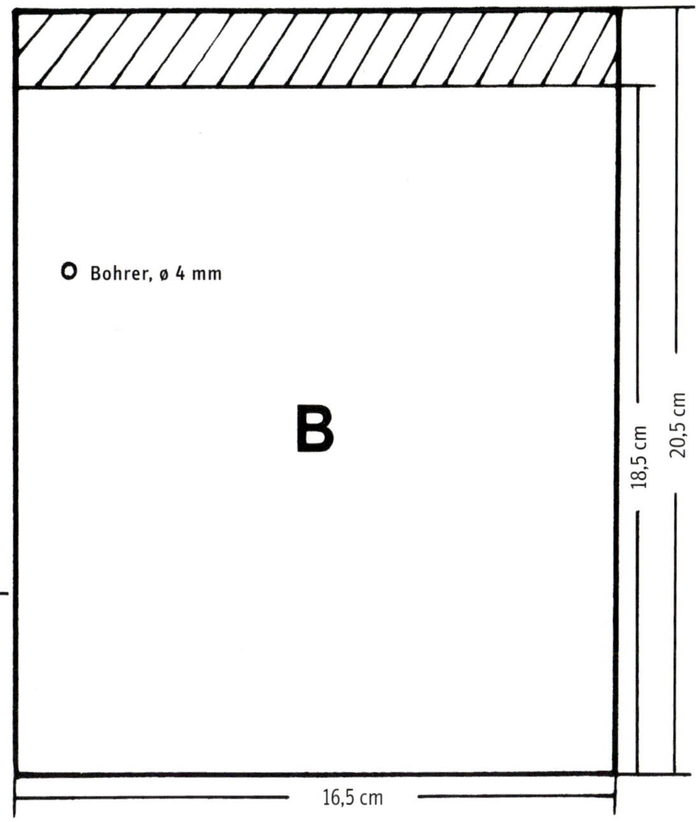
Bohrer, ø 4 mm
B
18,5 cm
20,5 cm
16,5 cm

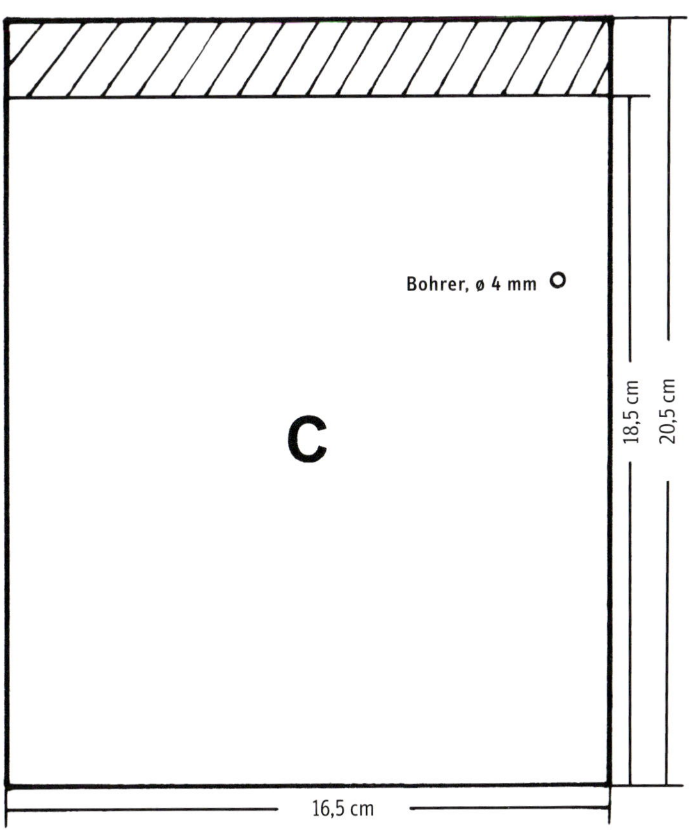
Bohrer, ø 4 mm
C
18,5 cm
20,5 cm
16,5 cm

F
16,5 cm
14 cm

Eichelhaus

SEITE 32-34

bitte alle Teile auf 200% vergrößern

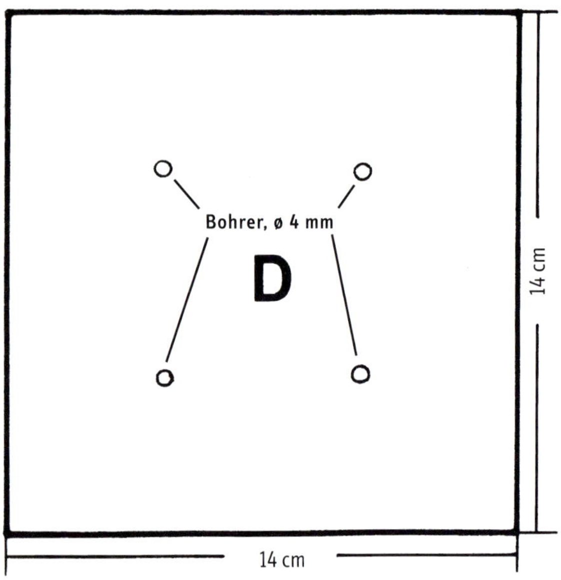

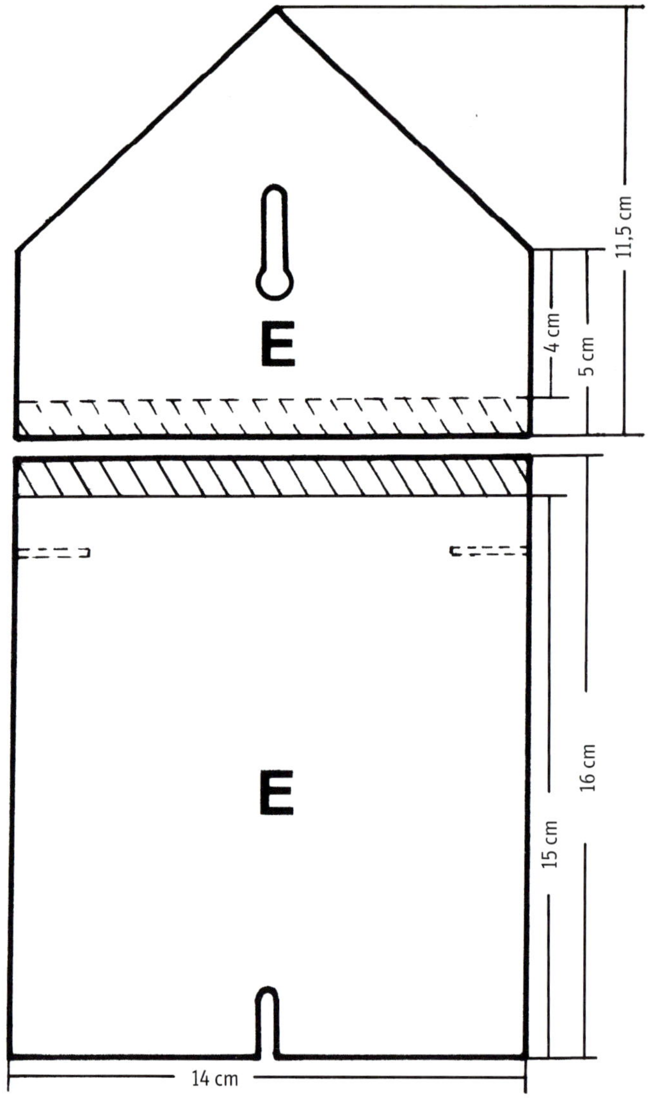

IMPRESSUM

Wir danken den Firmen C. Kreul GmbH + Co. KG, Hallerndorf, und Opitec Handel GmbH, Giebelstadt, für die freundliche Unterstützung mit Materialien.

MODELLE: Monika Gänsler (Seite 23, 29, 33, 68-75); Alice Rögele (Seite 14-21, 27, 44, 52-57, 67); Gudrun Schmitt (Seite 35-39, 47) und Karsten Selke (Seite 10, 48-51, 58-65)

PROJEKTMANAGEMENT: Susanne Kuhn; LEKTORAT: Cosima Joerger und Susanne Kuhn

REDAKTIONELLE SEITEN (Seite 40-43): Michael Schmolz

LAYOUT: WS – WerbeService Linke, Karlsruhe

FOTOS: frechverlag GmbH, 70499 Stuttgart; Monika Gänsler (Seite 25, 30/31, 34, 68 rechts, 70, 72-74); Alice Rögele (Seite 14, 16, 18-20, 22, 26, 28, 45/46, 52, 54, 56, 66); Gudrun Schmitt (Seite 36, 38); Karsten Selke (Seite 10, 12/13, 49, 50/51, 59-61, 63-65); Michael Schmolz (Seite 40-43) und Fotostudio Ullrich & Co. (übrige Fotos)

DRUCK UND BINDUNG: Finidr s.r.o., Cesky Tesin, Tschechische Republik

Auflage:	6.	5.	4.	3.	
Jahr:	2013	2012	2011	2010	[Letzte Zahlen maßgebend]

ISBN 978-3-7724-5643-5
Best.-Nr. 5643